Sylwester Przybylo

Lidia Przybylo

Alain Roy

POUR RÉUSSIR

SCIENCES PHYSIQUES 416-436

Secondaire

Remerciements

Les Éditions du Trécarré reconnaissent l'aide financière du gouvernement du Canada par l'entremise du Programme d'aide au développement de l'industrie de l'édition pour ses activités d'édition. Nous remercions la Société de développement des entreprises culturelles du Québec (SODEC) du soutien accordé à notre programme de publication.
Gouvernement du Québec – Programme de crédit d'impôt pour l'édition de livres – gestion SODEC.

Couverture :
Cyclone design
Conception graphique et illustrations :
Artur Przybylo

Collection dirigée par Michel Brindamour

ISBN-13 : 978-2-89568-318-6

Dépôt légal – Bibliothèque et Archives nationales du Québec, 2008

Éditions du Trécarré
Groupe Librex inc.
Une compagnie de Quebecor Media
La Tourelle
1055, boul. René-Lévesque Est
Bureau 800
Montréal (Québec) H2L 4S5
Tél.: 514 849-5259
Téléc.: 514 849-1388

Distribution au Canada
Messageries ADP
2315, rue de la Province
Longueuil (Québec) J4G 1G4
Téléphone: 450 640-1234
Sans frais: 1 800 771-3022

SOMMAIRE

Module I

Propriétés et structure de la matière

1 - LES PROPRIÉTÉS

1.1 Propriétés caractéristiques et propriétés non caractéristiques

L'ESSENTIEL

- Une **propriété** est un trait distinctif, une qualité propre d'une substance. Elle permet de la reconnaître.
- Une propriété est dite **caractéristique** si elle n'appartient qu'à une substance ou groupe de substances (*).
- Une propriété est dite **non caractéristique** si elle appartient à plusieurs substances ou groupes de substances (**).
- La connaissance des propriétés caractéristiques d'une substance permet de comprendre son **utilisation** dans certains biens de consommation.

Remarque

*	*Les propriétés caractéristiques permettent d'identifier une substance ou un groupe de substances (objets), ou de les différencier entre elles.*
**	*Les propriétés non caractéristiques ne permettent pas de différencier une substance ou un groupe de substances (objets) d'une autre.*

Pour s'entraîner

Problème 1

Quel énoncé décrit le mieux une propriété d'une substance ?

A) L'abondance, en pourcentage, de cette substance dans la nature.

B) Le symbole de cette substance dans le tableau périodique.

C) Une qualité propre à cette substance.

D) Une qualité permettant de distinguer les différentes phases de cette substance.

Solution

Conseil

> *Ici, il faut être capable de choisir une bonne définition, même si elle diffère de celles que vous avez apprises. Il existe plusieurs définitions d'une même notion, chacune étant valable si elle indique correctement ce qui est désigné.*
>
> *Il faut bien lire les définitions en entier. Parfois, une partie peut être bonne, alors que dans son ensemble elle ne correspond pas à la question posée.*

Une propriété est ce qui appartient à une substance, c'est-à-dire qu'elle doit lui être propre. Une propriété nous permet de distinguer les substances entre elles (énoncé C) et non pas les différentes phases d'une substance (énoncé D). Les énoncés A et B définissent autre chose que ce qui est demandé.

Réponse :

C.

Problème 2

Classez les propriétés suivantes dans un tableau selon qu'elles sont des propriétés caractéristiques ou des propriétés non caractéristiques :

masse volumique, masse, point de fusion, odeur, couleur, goût, forme, chaleur massique, point de solidification, élasticité, volume, conductibilité électrique.

Solution

Conseil

> *Dans ce genre de questions, dont le but est la division des éléments d'un ensemble en deux groupes différents en tous points, il ne suffit pas de connaître les définitions mot à mot, il faut surtout se concentrer sur la différence qui existe entre ces définitions.*

Écrivez la définition des propriétés caractéristiques et non caractéristiques dans le tableau, cela vous facilitera la tâche.

Réponse :

Propriété	
Caractéristique *Propriété qui n'appartient qu'à une substance ou groupe de substances.*	**Non caractéristique** *Propriété qui appartient à plusieurs substances ou groupes de substances.*
Masse volumique	Masse
Point de fusion	Odeur
Chaleur massique	Couleur
Point de solidification	Goût
Conductibilité électrique	Forme
	Élasticité

Problème 3

Quelle énumération ne contient que des propriétés caractéristiques ?

A) La couleur, la masse volumique, le point de fusion.

B) Le point d'ébullition, l'odeur, le goût.

C) Le point de fusion, la masse volumique, le point d'ébullition.

D) Le goût, le point de solidification, l'élasticité.

Solution

Conseil

Une démarche intéressante serait de vérifier si dans les choix de réponses il y a ***au moins*** *un élément qui n'est pas une propriété caractéristique. On élimine ainsi les mauvaises réponses au lieu de chercher directement la bonne.*

*Par exemple, dans **A**, la **couleur** n'est pas une propriété caractéristique parce que plusieurs substances peuvent avoir la même couleur (plusieurs métaux sont gris et plusieurs gaz sont incolores), on peut donc éliminer le choix **A**. Dès que vous trouvez un élément qui ne fait pas partie de l'ensemble que vous recherchez, il devient inutile de vérifier les autres éléments de la liste.*

Certaines propriétés pourraient être difficiles à classer. Exemple: l'odeur émise par une substance pourrait appartenir à plusieurs groupes de substances; l'odeur est donc une propriété non caractéristique. En revanche, on peut distinguer les alcools à leurs odeurs caractéristiques. Le magnétisme peut lui aussi être considéré comme une propriété caractéristique, car très peu de corps sont magnétiques (fer (Fe), nickel (Ni) et cobalt (Co) seulement).

Réponse :

C.

Problème 4

Les énoncés suivants indiquent-ils des propriétés caractéristiques ou non caractéristiques ?

a) La masse volumique de l'aluminium est de 2,7 g/cm^3.

b) Le soufre est un solide jaune.

c) Le sel est soluble dans l'eau.

d) Un échantillon de liquide a une masse 41,9 g.

e) L'eau bout à 100 °C.

f) L'oxygène est gazeux à la température de la pièce et sous une pression de 101,3 kPa.

Solution

Conseil

Pour faciliter votre travail, vous devez repérer dans chaque phrase le mot-clé qui permettra de classer les propriétés.

Les mots-clés sont les suivants :

a) masse volumique ; b) jaune (couleur) ; c) soluble ; d) masse ; e) bout (point d'ébullition) ; f) gazeux (l'état).

Dans l'énoncé f), le mot *gazeux* indique l'état de la substance. Plusieurs substances ou groupes de substances peuvent posséder cet état, c'est une propriété non caractéristique.

Réponses :

a) Caractéristique.

b) Non caractéristique.

c) Non caractéristique.

d) Non caractéristique.

e) Caractéristique.

f) Non caractéristique.

Problème 5

Vous êtes le constructeur d'un nouveau modèle de voiture. Dans ce modèle, vous avez prévu une utilisation importante d'aluminium et de plastique. Quelles propriétés de ces substances justifient votre choix ?

Solution

Toute réponse qui tient compte des propriétés caractéristiques de l'aluminium et du plastique est valable.

Réponse :

Résistance à la corrosion et légèreté.

Pour travailler seul

Problème 6

Quelle énumération ne contient que des propriétés non caractéristiques ?

A) Le volume, le point d'ébullition, l'odeur.

B) La masse, le volume, la couleur.

C) La masse volumique, la forme, la masse.

D) La couleur, le point de fusion, la conductibilité.

Problème 7

Identifiez les substances à l'aide de leur carte d'identité.

Substance A :

- gaz incolore;
- inodore;

- masse volumique de 0, 089 $^{g}/_{L}$;
- point de fusion de –259 °C;
- une explosion se produit si on approche une flamme vive.

Substance B :

- gaz incolore;
- inodore;
- masse volumique de 1,43 $^{g}/_{L}$;
- point de fusion de –218 °C;
- rallume un tison.

Substance C :

- gaz incolore;
- inodore;
- masse volumique de 1,96 $^{g}/_{L}$;
- brouille l'eau de chaux.

Problème 8

Parmi les propriétés ci-dessous, laquelle est caractéristique de l'étain, Sn ?

A) Température de 27 °C.

B) Point de fusion de 232 °C.

C) Forme cylindrique.

D) Volume de 25 cm^3.

Problème 9

Parmi les énoncés suivants, lequel NE décrit PAS une propriété caractéristique d'un morceau de fer ?

A) Il est magnétique.

B) Il possède une masse de 12 g.

C) Il possède une masse volumique de 7,86 $^{g}/_{cm^3}$.

D) Il possède une température de fusion de 1 535 °C.

Problème 10

Associez à chaque élément l'utilisation et la propriété qui conviennent.

Élément	Utilisation	Propriété
a) Silicium b) Lithium c) Hélium d) Mercure e) Chlore f) Cuivre	A) Gonflement des ballons B) Liquide dans un thermomètre C) Matériau utilisé en électronique D) Élimination des bactéries dans l'eau E) En alliage avec l'aluminium, utilisation dans l'aéronautique F) Fabrication des fils électriques	1. Conductibilité électrique 2. Dilatation à la chaleur 3. Gaz d'une masse volumique faible 4. Métal d'une masse volumique faible 5. Matériau semi-conducteur 6. Forte réactivité

Problème 11

La majorité des fils électriques utilisés dans nos maisons sont faits en cuivre. Quelles sont les propriétés du cuivre qui justifient son utilisation ?

A) Sa conductibilité électrique et sa ductilité.

B) Sa conductibilité électrique et sa masse.

C) Sa ductilité et son point de fusion.

D) Sa masse et son point de fusion.

Problème 12

L'aluminium est utilisé comme conducteur pour les lignes à haute tension. Quelle propriété de cette substance justifie ce choix ?

Problème 13

Dans un tableau, associez chaque objet à la propriété qui justifie son utilisation comme bien de consommation.

Objets : casserole, fusible, pièce de monnaie, gaz pour ballon de foire, thermomètre.

Propriétés : ductilité, conductibilité thermique, masse volumique faible, point de fusion peu élevé, dilatation à la chaleur.

Problème 14

Voici les propriétés de l'aluminium.

1) Bonne malléabilité.
2) Bonne conductibilité électrique.
3) Bonne conductibilité thermique.
4) Couleur argentée.
5) Masse volumique faible.
6) Point de fusion élevé.

Parmi les propriétés énumérées, lesquelles justifient l'utilisation de casseroles en aluminium pour la cuisson des aliments ?

A) 1 et 4. B) 2 et 3. C) 3 et 6. D) 4 et 5.

2 - LES CHANGEMENTS DE LA MATIÈRE

2.1 Changements physiques et changements chimiques

L'ESSENTIEL

- Un **changement physique** est une transformation au cours de laquelle la matière **conserve sa nature**. Seule l'**apparence** de la matière **change**. Cette apparence se définit par des propriétés physiques non caractéristiques (texture, forme, etc.).
- Un **changement chimique** modifie les propriétés de la substance originale; la nature de la substance est changée. C'est une transformation au cours de laquelle les substances **perdent** leurs propriétés; il y a formation de nouvelles substances avec de nouvelles propriétés.
- Il est très difficile d'effectuer un changement chimique qui permet de retrouver les substances initiales.
- On peut effectuer un changement physique ou chimique pour favoriser ou prévenir une action.
- Certains changements chimiques ou physiques peuvent avoir un impact sur l'environnement, la santé et l'économie.

Conseil

Pour différencier un changement chimique d'un changement physique, vous pouvez vous demander s'il y a eu une modification des propriétés caractéristiques de la matière.

Par exemple, le cuivre, qu'il soit sous forme de feuille, de fil ou de limaille, possède un seul et même point de fusion. Ces diverses formes résultent donc de changements physiques.

En revanche, la rouille sur une auto ne possède plus les mêmes propriétés caractéristiques que le métal duquel elle est issue. Le métal a donc subi une transformation chimique. Cette transformation est irréversible.

Pour s'entraîner

Problème 15

Quel énoncé décrit un changement physique, quel énoncé décrit un changement chimique ?

A) Une transformation au cours de laquelle les substances conservent leurs propriétés caractéristiques.

B) Une opération qui change les propriétés non caractéristiques d'une substance.

C) Une transformation qui change les propriétés caractéristiques d'une substance.

D) Une transformation au cours de laquelle les substances conservent leurs propriétés non caractéristiques.

Solution

Conseil

> *Dans une question dont les choix de réponses présentent plusieurs variantes, il est intéressant de classer tout d'abord les notions essentielles. Ici,* changer *vs* conserver, *et* propriétés caractéristiques *vs* propriétés non caractéristiques.

Il y a quatre combinaisons possibles de ces deux paires de notions essentielles :

1) conserver les propriétés caractéristiques;
2) changer les propriétés caractéristiques;
3) conserver les propriétés non caractéristiques;
4) changer les propriétés non caractéristiques.

Un changement physique **conserve** des **propriétés caractéristiques**, tandis qu'un changement chimique **change** des **propriétés caractéristiques**.

Réponse :

L'énoncé A décrit un changement physique et l'énoncé C décrit un changement chimique.

Problème 16

Quelle énumération ne contient que des changements physiques ?

A) La formation de rouille sur une automobile, la combustion d'essence dans un moteur, la fusion du soufre.
B) Le mercure qui gèle à –40 °C, une tranche de pain rôti, un œuf qui pourrit.
C) Une pièce de cuivre transformée en fils, la fusion de la glace, le bris d'une vitre.
D) La solidification de l'eau, la digestion des aliments, la vaporisation de l'eau.

Solution

Dans l'énumération A, *la formation de rouille sur une automobile* n'est pas un changement physique. La rouille est une nouvelle substance dont les propriétés et la composition diffèrent de celles de la substance initiale.

Pour cette même raison, dans la liste B, *un œuf qui pourrit* et, dans D, *la digestion des aliments* ne respectent pas la définition de changement physique.

Le cuivre, même transformé en fil, conserve les propriétés propres au cuivre. C'est également le cas de la glace fondue et de la vitre brisée.

Remarque

Il est demandé que l'énumération contienne seulement des changements physiques. Dans ce cas, il peut être plus facile d'éliminer immédiatement tout choix où vous trouvez un élément qui ne respecte pas ce critère.

Réponse :

C.

Problème 17

Quelle énumération ne contient que des changements chimiques ?

A) Un verre brisé en morceaux, la solidification de l'iode, la combustion d'un ruban de magnésium.
B) Le rougissement des feuilles à l'automne, la combustion du bois, la putréfaction du bois.
C) L'argenterie qui ternit, la dissolution du sucre dans l'eau, la réaction du fer avec l'acide.

D) Le pain qui moisit, l'iode solide qui devient gazeux, la congélation de l'eau.

Solution

Conseil

> *Par la même démarche que précédemment, on peut éliminer une liste dès que l'on y trouve un changement non chimique. Une fois la réponse choisie, il est toutefois important de vérifier si tous ses éléments respectent la condition établie.*

Dans la liste A, *un verre brisé* ainsi que *la solidification* ne sont pas des changements chimiques. Dans la liste C, *la dissolution* n'est pas un changement chimique et, dans la liste D, les deux changements de phase ne sont pas des changements chimiques.

Dans la liste B, il n'y a que des changements chimiques. En effet, les propriétés caractéristiques de la feuille rougie ne sont plus les mêmes que celles de la feuille verte, la combustion est une transformation chimique, et la putréfaction est la décomposition, donc la transformation chimique, que subissent les corps organiques lorsqu'ils ne sont plus en vie.

Réponse :

B.

Problème 18

Lorsque l'eau passe de l'état liquide à l'état solide, il se produit un changement physique. Indiquez l'utilité ou la nuisance d'un tel changement pour :

a) l'environnement;

b) la santé;

c) l'économie;

d) la société.

Justifiez votre réponse.

Solution

Ce type de question ouverte vous permet d'élaborer dans vos propres mots une réponse plausible.

Il faut néanmoins respecter le sens de la question. En premier lieu, vous devez indiquer s'il s'agit d'une nuisance ou d'une utilité. Par la suite, votre justification doit être pertinente.

Remarque

> *Les réponses que nous vous proposons ici peuvent être différentes de celles que vous auriez données.*
>
> *Les critères doivent cependant être respectés.*

Réponses :

a) Nuisance pour l'environnement : peut causer des dommages aux arbres en bordure de l'eau.

b) Nuisance pour la santé : peut causer des accidents graves, car on peut faire une chute sur une surface glacée.

c) Nuisance pour l'économie : peut empêcher la navigation intérieure.

   Utilité pour l'économie : permet quelquefois de construire des ponts de glace pour traverser les rivières.

d) Utilité pour la société : permet la pratique des sports d'hiver.

Pour travailler seul

Problème 19

Lequel des phénomènes suivants correspond à un changement physique ?

A) Du lait qui surit sur un comptoir.

B) L'apparition de rouille sur un marteau.

C) Un feu de forêt hors de contrôle.

D) La formation d'une couche de glace sur un étang.

Problème 20

Pour le déjeuner, Robert prend une baguette de pain dans le congélateur.

1. Il laisse dégeler cette baguette sur le comptoir.
2. Il coupe quelques tranches dans la baguette.
3. Il fait rôtir ces tranches dans le grille-pain.
4. Il étend du beurre qui fond rapidement sur les rôties chaudes.

À quel moment s'est-il produit un changement chimique ?

A) En 1. B) En 2. C) En 3. D) En 4.

Problème 21

Associez correctement les changements subis par les objets ou substances de la colonne de gauche aux causes possibles de ces changements de la colonne de droite.

1. De la vaisselle en argent qui noircit.
2. Une automobile rouillée.
3. Une chandelle qui fond.
4. Du bois transformé en cendre.
5. Du sel dissous dans l'eau.
6. Le chocolat transformé en énergie.

A. Réaction avec l'air et l'eau.
B. Absorption de chaleur.
C. Combustion.
D. Solubilité.
E. Réaction avec l'air.
F. Digestion.

Problème 22

Voici quelques observations qui décrivent ce qui se passe lorsqu'on gratte une allumette de bois.

1. On frotte une allumette sur une surface rugueuse.
2. Le bout de l'allumette s'enflamme.
3. Le bois devient noir.
4. Le résidu se tord et prend une forme courbe.
5. Le résidu casse et tombe.

Lesquelles des observations précédentes correspondent à des changements chimiques ?

A) 1 et 2. B) 2 et 3. C) 3 et 4. D) 4 et 5.

Problème 23

Vous êtes en camping et vous préparez un feu de camp pour faire griller des guimauves. Vous effectuez les manipulations suivantes :

1. Couper du bois.
2. Froisser du papier journal.
3. Faire brûler le papier.
4. Faire griller une guimauve.

Parmi ces manipulations, lesquelles correspondent à un changement physique ?

A) 1 et 2. B) 1 et 4. C) 2 et 3. D) 3 et 4.

Problème 24

Au laboratoire, vous chauffez un solide orangé dans un récipient ouvert. Vous faites les observations suivantes :

1. La température du solide augmente.
2. Le solide devient noir.
3. Le solide devient granuleux.
4. La masse du solide augmente.

Parmi ces observations, lesquelles permettent d'affirmer qu'il y a eu un changement chimique ?

A) 1 et 3. B) 1 et 4. C) 2 et 3. D) 2 et 4.

Problème 25

Pour chacun des événements suivants, indiquez le type de changement (chimique ou physique) qui se produit, et dites si ce changement aide à favoriser ou à prévenir une action.

A) Avant de préparer un feu de camp, vous fendez les grosses bûches en plusieurs morceaux.

B) Vous étendez votre linge sur une corde.

C) Vous passez sous l'eau chaude un contenant de vitre muni d'un couvercle de métal.

D) Vous recouvrez de chrome des pièces mécaniques par galvanoplastie.

2.2 Substances pures et mélanges

L'ESSENTIEL

- La **matière** qui nous entoure se divise en deux grandes catégories : les **substances pures** et les **mélanges**.
- Une **substance pure** est formée d'une seule sorte de substance qui possède en tout point les mêmes propriétés chimiques et physiques, par exemple l'eau, le fer, le sucre, etc.

- Parmi les substances pures, on distingue les **éléments** et les **composés**.
- Un **élément** est une substance pure que l'on ne peut pas séparer chimiquement pour obtenir d'autres substances plus simples.
- Un **composé** est une substance pure constituée de plusieurs éléments combinés chimiquement (*).
- Un **mélange** est formé de deux ou plusieurs substances qui **conservent individuellement** leurs propriétés chimiques et physiques (par exemple, l'air, qui est composé majoritairement d'oxygène et d'azote) (**).
- Les **mélanges** sont à leur tour divisés en deux grandes catégories : les **mélanges homogènes** et les **mélanges hétérogènes**.
- Dans les **mélanges homogènes**, les composants sont répartis de façon uniforme.
- Dans les **mélanges hétérogènes**, les composants ne sont pas répartis de façon uniforme, on peut habituellement les distinguer.

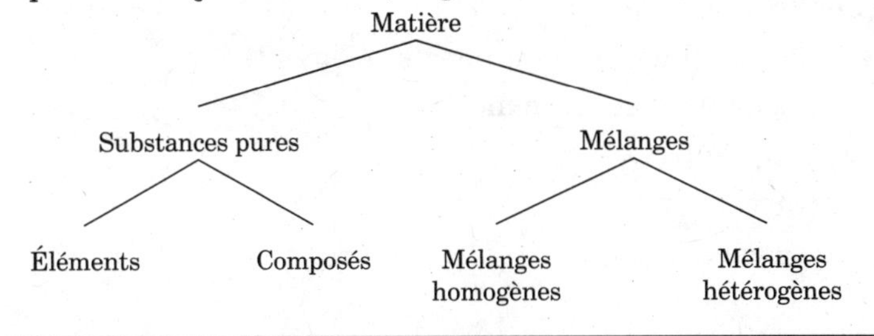

Remarque

* *Dans un **composé**, les substances constituantes n'ont pas les mêmes caractéristiques que le composé lui-même. Par exemple, l'eau (H_2O) est une substance qui possède des propriétés bien définies. Les substances constituantes de l'eau n'ont pas les mêmes propriétés caractéristiques que l'eau elle-même : l'oxygène (O_2) et l'hydrogène (H_2) sont des gaz à la température de la pièce, le point de fusion de chacun est beaucoup plus faible que celui de l'eau.*

** *Dans un **mélange**, les proportions peuvent varier et le produit final demeure le même. Par exemple, si vous augmentez la quantité de lait dans un café, vous avez toujours un café au lait.*

*Ce n'est pas le cas dans un **composé**. Si vous faites varier la proportion d'oxygène dans l'eau (H_2O), vous obtiendrez un nouveau composé (H_2O_2), soit du peroxyde d'hydrogène.*

Attention

** *Il est important de noter que l'on peut faire varier les proportions dans un mélange en augmentant simplement un des constituants, alors que pour faire varier les proportions dans un composé, une réaction chimique doit être effectuée.*

Pour s'entraîner

Problème 26

Quelle énumération ne contient que des éléments ?

A) Oxygène, eau distillée, carbone.

B) Air, hélium, soufre.

C) Fer, hydrogène, or.

D) Sel, hydrogène, cuivre.

Solution

Conseil

Procédez encore une fois par élimination. Dès que vous trouvez dans une liste un élément qui ne correspond pas à la condition fixée, éliminez cette liste de votre choix.

L'*eau distillée*, dans la liste A, est un composé, elle est formé d'hydrogène (H) et d'oxygène (O).

L'*air*, dans B, est un mélange d'environ 20 % d'oxygène et 79 % d'azote.

Le *sel*, dans D, est un composé, il est formé de sodium (Na) et de chlore (Cl).

Le *fer*, l'*hydrogène* et l'*or*, dans la liste C, sont des éléments que l'on ne peut pas décomposer en d'autres substances plus simples.

Réponse :

C.

Problème 27

Répondez par vrai ou faux et justifiez votre réponse.

a) L'acier est une substance pure.

b) Le sel est un mélange.

c) L'eau salée est un mélange.

d) L'eau de la municipalité est une substance pure.

e) L'eau distillée est une substance pure.

Solutions

a) L'acier est un mélange puisqu'il est composé d'au moins deux substances : le fer (Fe) et le carbone (C), que l'on peut séparer par fusion. Le fer a un point de fusion de 1 536 °C et le carbone a un point de fusion de 3 827 °C.

b) Le sel (NaCl) est une substance pure. Les composantes du sel, le sodium (Na) et le chlore (Cl), ne peuvent être séparées par des moyens physiques simples.

c) L'eau salée est constituée d'éléments qui peuvent être séparés par des moyens physiques simples. Par exemple, en faisant évaporer l'eau, on peut retrouver le sel. C'est un mélange.

d) Plusieurs éléments sont ajoutés à l'eau de la municipalité : chlore, fluor, etc. C'est donc un mélange.

e) L'eau distillée est l'eau recueillie par condensation de la vapeur d'eau. Aucune autre substance ne la compose. C'est une substance pure.

Remarque

> *Même si vous pourriez être plus précis dans votre réponse, il faut vous en tenir à la question. Par exemple, l'eau distillée est un composé en plus d'être classée parmi les substances pures. Le terme composé ne faisait pas partie du choix de réponse, et le terme substance pure est justifié.*

Réponses :

a) Faux. b) Faux. c) Vrai. d) Faux. e) Vrai.

Problème 28

Les substances suivantes représentent-elles des composés ou des mélanges ?

a) Air.

b) Eau salée.

c) Chlorure de sodium.

d) Laiton.

Solutions

a) L'air est un mélange de plusieurs gaz dont l'azote et l'oxygène sont les plus importants. Les rapports des constituants de l'air peuvent varier.

b) On obtient de l'eau salée en dissolvant du sel de table dans l'eau.

c) Le chlorure de sodium, NaCl, est composé de sodium et de chlore. Ces substances ont des propriétés différentes lorsqu'elles sont séparées ou ensemble.

d) En chauffant le cuivre et le zinc, on obtient un alliage, appelé laiton. Une fois ce mélange refroidi, il est impossible de distinguer les deux composants. Cependant, le cuivre et le zinc conservent leurs propriétés.

Réponses :

a) Mélange. b) Mélange. c) Composé chimique. d) Mélange.

Pour travailler seul

Problème 29

Quelle énumération ne contient que des composés ?

A) Eau salée, acier, radium.

B) Chlorure de sodium, dioxyde de carbone, oxyde de fer.

C) Alcool à friction, soufre, sel de table.

D) Hydrogène, acide chlorhydrique, fer.

Problème 30

Laquelle des représentations ci-dessous illustre la formation d'un composé à partir de ses éléments ?

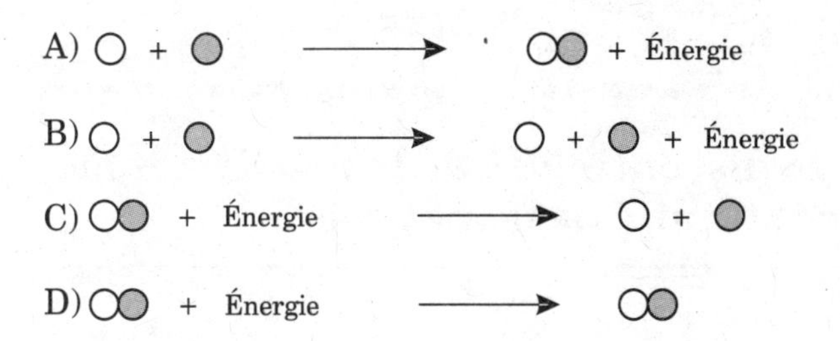

Problème 31

Indiquez si les substances suivantes forment des mélanges homogènes (HO) ou hétérogènes (HE).

a) Sel dans l'eau.

b) Sable dans l'eau.

c) Alcool dans l'eau.

d) Lait dans le café.

e) Sucre dans l'eau.

f) Essence dans l'eau.

Problème 32

Au laboratoire, vous chauffez pendant 5 minutes 100 g d'une substance blanche dans un creuset ouvert à l'air libre. Vous obtenez une substance jaune dont la masse est de 125 g.

Parmi les énoncés suivants, lequel est **FAUX** ?

A) La substance blanche peut être un élément.

B) La substance blanche peut être un composé.

C) La substance jaune peut être un élément.

D) La substance jaune peut être un composé.

3 - L'ATOME

3.1 Modèle de discontinuité de la matière et modèle de continuité de la matière

L'ESSENTIEL

- Un **modèle** est une représentation visuelle d'une réalité invisible qui permet d'expliquer certains phénomènes.
- **Démocrite** (460 - 370 av. J.-C.) fut le premier à parler d'atome, *atomos* en grec signifie indivisible. Selon ce philosophe, la matière était formée de particules très petites qui ne pouvaient être divisées. Entre ces particules, il y avait du vide, ce qui engendrait la **discontinuité** de la matière.
- **Aristote** (384 - 322 av. J.-C.), un autre philosophe grec, n'acceptait pas le modèle de Démocrite. Il niait l'existence du vide associé à la discontinuité de la matière et préconisait un **modèle continu** de la matière (*).
- **Dalton** (1766 - 1844) formula une théorie atomique dont les points essentiels sont les suivant :
  - La matière est composée de particules infiniment petites et indivisibles appelées atomes.
  - Tous les atomes d'un même élément sont identiques; ils possèdent les mêmes propriétés et ils ont la même masse.
  - Les atomes d'éléments différents ont des propriétés et des masses différentes.
  - Lors de réactions chimiques, les atomes se combinent dans des rapports simples pour former de nouveaux composés.

Remarque

* *L'évolution d'une théorie n'est pas toujours constante; il arrive que l'on fasse un « pas en arrière ». C'est le cas de la théorie de la matière énoncée par Aristote : sa thèse de la continuité de la matière nous éloigne de l'explication du modèle atomique établi aujourd'hui.*

Pour s'entraîner

Problème 33

Complétez le tableau suivant en indiquant par √ les notions que l'on peut attribuer aux différents penseurs ou scientifiques.

	Aristote	Démocrite	Dalton
Est d'accord avec le modèle discontinu de la matière.			
Nie l'existence du vide.			
Introduit la notion d'atome.			

Solution

Certains problèmes ne font appel à aucune méthodologie particulière vous permettant de les résoudre. C'est le cas pour celui-ci. Il s'agit simplement, ici, d'associer une notion ou un concept à son auteur.

Réponse :

	Aristote	Démocrite	Dalton
Est d'accord avec le modèle discontinu de la matière.		√	√
Nie l'existence du vide.	√		
Introduit la notion d'atome.		√	

Problème 34

Qu'est-ce qu'un modèle scientifique ?

A) Une représentation simplifiée d'une réalité inaccessible aux sens.

B) Un exemple type de fait scientifique.

C) Une sorte de jeu de construction appliqué aux sciences.

D) Une observation faite en laboratoire.

Solution

Encore une fois, il faut se référer à la définition. Une fois la réponse choisie, assurez-vous que les autres ne sont pas bonnes.

Attention

> *N'oubliez pas qu'une définition semblable à celle que vous avez apprise en classe est aussi bonne.*

Réponse :

A.

Problème 35

Voici quatre énoncés qui concernent la théorie de la discontinuité de Démocrite ou celle de la continuité d'Aristote.

1. La matière est constituée de particules très petites et indivisibles.
2. La matière est formée de quatre éléments (la terre, l'eau, le feu et l'air).
3. La matière est constituée de particules séparées les unes des autres.
4. Dans la matière, il n'y a pas de vide.

Parmi ces énoncés, lesquels appartiennent à la théorie de Démocrite ?

A) 1 et 2. B) 1 et 3. C) 2 et 4. D) 3 et 4.

Solution

Selon Démocrite, la matière était, à l'image du sable, discontinue et formée de particules infiniment petites. Il croyait en outre que ces infimes particules étaient invisibles et indivisibles.

Les points essentiels de sa théorie sont donc :

- la matière est constituée de particules **invisibles** (infiniment petites) et **indivisibles**;
- ces particules sont séparées les unes des autres (il existe un vide entre ces particules), ce qui entraîne la discontinuité de la matière.

Réponse :

B.

Pour travailler seul

Problème 36

Lequel, parmi les énoncés suivants, indique le point commun entre le modèle de Démocrite et celui de Dalton ?

A) Dans les composés, les atomes se combinent en nombres entiers.

B) La matière est constituée d'atomes indivisibles.

C) Les atomes d'un même élément sont différents.

D) Les atomes sont différents par leurs formes et leurs dimensions.

E) Les atomes se combinent entre eux pour donner de nouvelles substances.

Problème 37

Indiquez pour chaque point (a, b, c, d, e) lequel des choix (1 ou 2) est un élément (axiome) de la théorie de Dalton.

a) Choix 1 : Les atomes sont sphériques et visibles.

Choix 2 : Les atomes sont indivisibles et invisibles.

b) Choix 1 : Les atomes ont des tailles, des formes et des masses différentes pour un même élément.

Choix 2 : Les atomes d'un même élément sont identiques.

c) Choix 1 : Les atomes d'éléments différents ont des tailles, des formes et des masses différentes.

Choix 2 : Les atomes d'éléments différents ont des tailles, des formes et des masses identiques.

d) Choix 1 : Dans une réaction chimique, certains atomes sont créés, d'autres sont perdus.

Choix 2 : Dans une réaction chimique, les atomes se combinent et forment de nouvelles substances.

e) Choix 1 : Dans les composés, les atomes se combinent dans n'importe quelle proportion.

Choix 2 : Dans les composés, les atomes se combinent en nombres entiers.

3.2 Charges électriques, rayons cathodiques et rayonnements radioactifs

L'ESSENTIEL

- Les phénomènes électrostatiques d'attraction et de répulsion s'expliquent par la présence de charges positives et de charges négatives.
- L'utilisation d'un tube à **rayons cathodiques** a permis de démontrer l'existence de particules chargées négativement, nommées **électrons**.
- Les rayons cathodiques :
  - sont émis par la cathode;
  - ont une trajectoire rectiligne;
  - sont déviés en présence d'un champ magnétique;
  - possèdent une masse;
  - sont chargés négativement.
- L'électricité statique est causée par le transfert de particules négatives d'un corps à l'autre.
- Deux objets de charges semblables se repoussent, alors que deux objets de charges contraires s'attirent.
- Une substance est neutre si elle contient autant de charges de signes contraires.
- La **radioactivité** est une émission spontanée de rayonnements.
- Les substances radioactives peuvent émettre trois types de radiation :
  - les **rayons alpha** (α), qui sont des particules positives (noyau d'hélium) ayant un faible pouvoir de pénétration;
  - les **rayons bêta** (ß), qui sont des particules négatives (électrons) très légères ayant un pouvoir moyen de pénétration;
  - les **rayons gamma** (γ), qui sont des ondes électromagnétiques ayant une très grand pouvoir de pénétration. Les rayons gamma n'ont pas de masse ni de charge.

Pour s'entraîner

Problème 38

Deux boules de polystyrène recouvertes d'une mince feuille d'aluminium sont suspendues à une planche. Indiquez les charges inconnues (+ ou –) et la nature de la force (attraction ou répulsion).

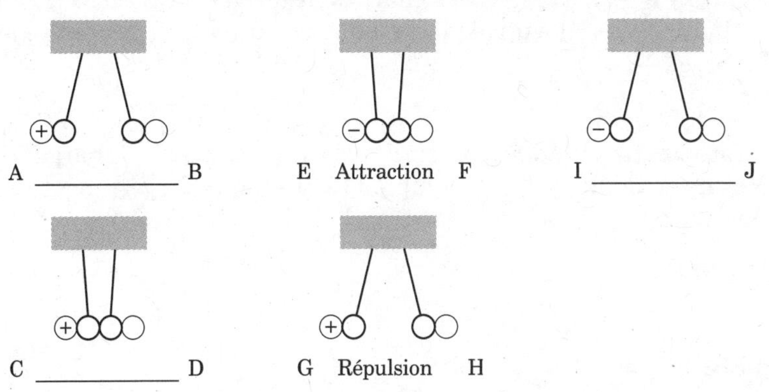

Solution

Conseil

> *Déterminez en premier lieu l'action (attraction ou répulsion). Ensuite, vous pourrez indiquer la charge.*

Il faut tenir compte du fait que des charges de signes contraires s'attirent et que des charges de même signe se repoussent.

Réponses :

Entre A et B, il y a répulsion, alors la charge de B est positive (+).

Entre C et D, il y a attraction, alors la charge de D est négative (–).

Entre E et F, il y a attraction, alors la charge de F est positive (+).

Entre G et H, il y a répulsion, alors la charge de H est positive (+).

Entre I et J, il y a répulsion, alors la charge de J est négative (–).

Problème 39

Les objets s'électrisent lorsqu'on les frotte. Cela s'explique par le fait :

A) qu'un certain nombre d'atomes se déplacent d'un corps vers l'autre;
B) qu'il y a déplacement de charges négatives d'un corps vers l'autre;
C) qu'il y a production de charges négatives et positives lors du frottement;
D) qu'il y a déplacement des charges négatives d'un corps à l'autre simultanément à un déplacement de charges positives en sens inverse.

Solution

Les atomes ne se déplacent pas d'un corps à l'autre. Les charges positives ne se déplacent pas non plus. Seules les charges négatives se déplacent.

Réponse :

B.

Problème 40

Le schéma suivant montre les radiations émises par un corps radioactif.

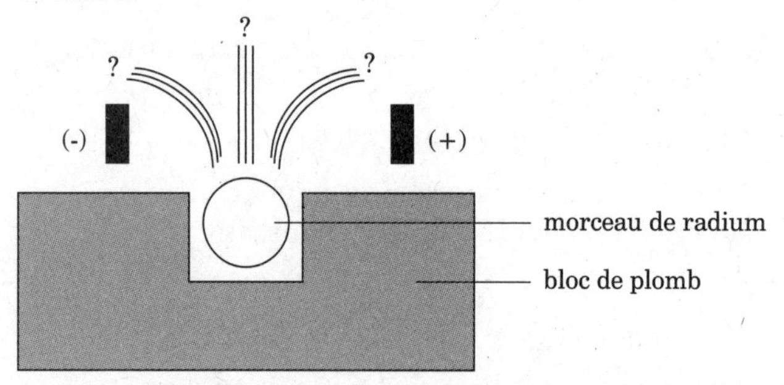

a) Identifiez chacun des rayonnements.
b) De ce schéma, on peut conclure que :
   1) les radiations alpha, bêta et gamma sont toutes chargées;
   2) l'atome est une particule chargée;
   3) seulement les rayons gamma sont chargés;
   4) les rayons bêta sont chargés négativement et les rayons alpha, positivement.

Solution

Conseil

> *Indiquez clairement sur le croquis les éléments qui vous permettront de résoudre le problème.*

Le schéma nous montre un corps radioactif émettant trois types de rayons.

Ici, il est important de bien voir le signe qui indique la charge des plaques.

Les rayons alpha ont une charge positive, ils sont donc déviés du côté de la plaque négative.

Les rayons bêta ont une charge négative, ils sont donc déviés du côté de la plaque positive.

Les rayons gamma n'ont aucune charge, ils ne sont donc pas déviés.

Réponses :

a) Les rayons alpha sont déviés du côté de la plaque négative. Les rayons bêta sont déviés du côté de la plaque positive. Les rayons gamma ne sont pas déviés.

b) 4.

Problème 41

Déterminez pour chaque point (a, b, c, d) quel énoncé (choix 1 ou 2) concerne les rayons cathodiques.

a) Choix 1 : Ils sont émis par l'anode (électrode positive).
   Choix 2 : Ils sont émis par la cathode (électrode négative).

b) Choix 1 : Ils sont chargés négativement.
   Choix 2 : Ils sont chargés positivement.

c) Choix 1 : Ils sont déviés en présence d'un champ magnétique.
   Choix 2 : Ils ne sont pas déviés en présence d'un champ magnétique.

d) Choix 1 : Ils n'ont pas de masse.
   Choix 2 : Ils ont une masse.

Solution

Conseil

> *Complétez toujours vos notes de cours par un schéma lorsque la situation le permet.*

Il faut se référer à la définition des rayons cathodiques.

Réponses :

a) Choix 2. b) Choix 1. c) Choix 1. d) Choix 2.

Pour travailler seul

Problème 42

Si un objet est chargé positivement, cela signifie que :

A) tous les électrons sont sortis de cet objet;

B) il y a un surplus de charges positives;

C) l'objet a reçu des charges positives et que les charges négatives sont passées dans l'air;

D) il y a un surplus de charges négatives.

Problème 43

Pour une expérience sur l'électrostatique, vous disposez de trois sphères chargées électriquement. La sphère A porte une charge négative; les sphères B et C portent des charges de signes inconnus que vous devez identifier.

En effectuant votre expérience, vous avez noté vos manipulations et observations.

Manipulation	Observation
J'approche la sphère A de la sphère B.	Les sphères s'attirent.
J'approche la sphère B de la sphère C.	Les sphères s'attirent.

D'après ces renseignements, quels sont les signes des charges portées par les sphères B et C ?

Expliquez votre résultat.

Problème 44

Les sphères A, B, C, D et E sont chargées d'électricité.

Voici les positions que prennent quelques-unes de ces sphères lorsqu'elles sont suspendues deux à deux, l'une près de l'autre.

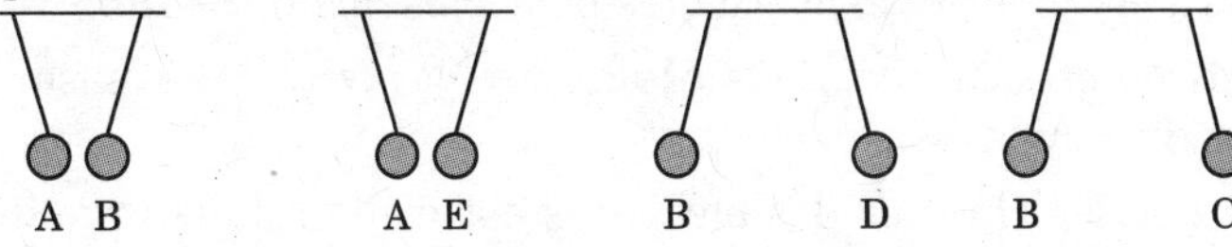

Vous suspendez successivement, l'une près de l'autre, les sphères B et E, puis les sphères C et D.

Lesquels des schémas ci-dessous illustrent les positions que prendront les sphères B et E de même que les sphères C et D ?

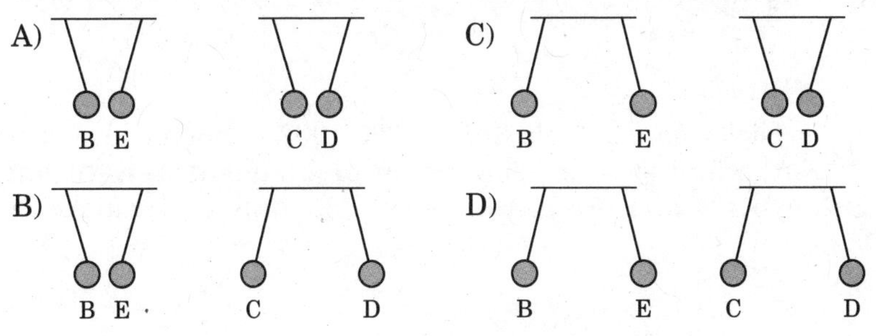

3.3 Modèle atomique de Thomson, de Rutherford, de Rutherford-Bohr et ajout de Chadwick

L'ESSENTIEL

- Le physicien anglais **J.J. Thomson** (1856 - 1940) a proposé un modèle atomique où l'atome est représenté comme « un gâteau aux raisins » : les « raisins » sont les électrons, la « pâte » est chargée positivement et le « gâteau » est électriquement neutre.

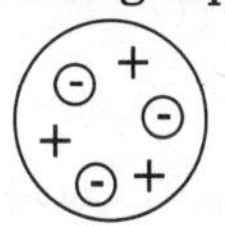

- Ernest **Rutherford** (1871 - 1937), de son côté, a proposé un modèle atomique ayant les caractéristiques suivantes :
  - l'atome est principalement vide;
  - le centre de l'atome, le **noyau**, est minuscule et dense;
  - le noyau est chargé de particules positives, les **protons**;
  - les particules négatives, les **électrons**, gravitent au hasard autour du noyau;
  - la somme des charges des électrons est égale à la charge du noyau, l'atome étant électriquement neutre.

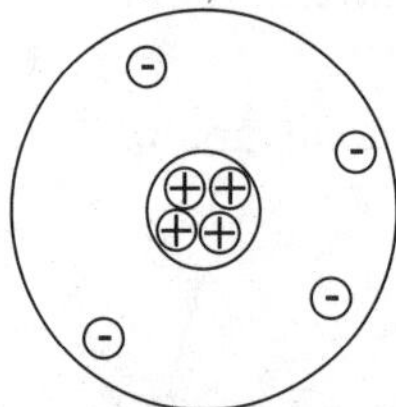

- Le physicien danois Niels **Bohr** (1885-1962) a modifié le modèle de Rutherford en spécifiant que les **électrons gravitent sur des orbites bien déterminées** (et non au hasard) autour du noyau.

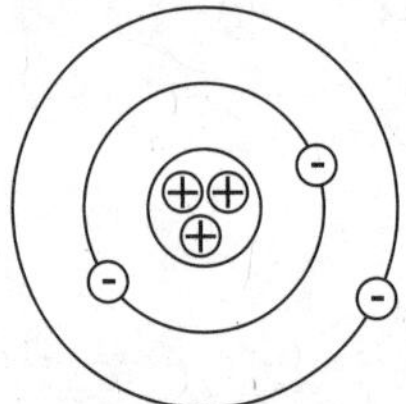

- Le physicien anglais James **Chadwick** (1891-1974) est venu compléter le modèle de Rutherford et Bohr en proposant une particule neutre, le **neutron**, qui se situe à l'intérieur du noyau et qui empêche son éclatement. Le neutron a une masse égale à celle du proton.

Pour s'entraîner

Problème 45

Lesquelles des caractéristiques ci-dessous permettent de décrire un atome selon le modèle de Thomson ?

1. Les électrons tournent autour du noyau.
2. La masse de l'atome est concentrée dans le noyau.
3. Les atomes peuvent perdre ou gagner des électrons.
4. L'atome est presque entièrement vide.
5. L'atome est rempli d'une masse positive contenant des grains négatifs.
6. Les électrons se déplacent sur des niveaux d'énergie.

A) 1 et 3. B) 2 et 4. C) 3 et 5. D) 4 et 6.

Solution

En observant le modèle atomique de Thomson, vous pouvez trouver facilement au moins un énoncé qui caractérise ce modèle, l'énoncé 5. Or, on trouve cet énoncé dans un seul choix.

Réponse :

C.

Problème 46

Voici des énoncés se rapportant à différents modèles atomiques.

1. Il existe un noyau au centre de l'atome.
2. La dimension du noyau est très petite par rapport au volume total de l'atome.
3. Les électrons sont situés sur des niveaux d'énergie autour du noyau de l'atome.

Lesquels de ces énoncés se rapportent au modèle atomique de Rutherford ?

A) 1 et 2. B) 1, 2 et 3. C) 1 et 3. D) 2 et 3.

Solution

L'énoncé 3 correspond à une caractéristique du modèle de Bohr.

Rutherford avait établi que les charges positives sont concentrées au centre de l'atome et que les charges négatives sont en périphérie, le noyau étant très petit par rapport à l'atome.

Réponse :

A.

Pour travailler seul

Problème 47

Associez chaque nom de gauche à l'énoncé qui convient à droite.

1. Démocrite 2. Dalton 3. Thomson 4. Rutherford 5. Bohr	A) L'atome renferme un noyau positif très dense autour duquel gravitent les électrons. B) La matière est discontinue; elle est faite de particules indivisibles, d'atomes. C) L'atome est une particule de densité uniforme renfermant autant de protons que d'électrons. D) À l'état fondamental, les électrons gravitent autour du noyau sur des orbites (niveau d'énergie) bien déterminées.

Problème 48

Plusieurs modèles ont été élaborés pour représenter la matière. Voici de l'information se rapportant à deux de ces modèles.

1er modèle : La matière est continue. Toute chose est formée à partir de quatre éléments : l'eau, le feu, l'air et la terre.

2e modèle : La matière est constituée d'atomes. Un atome est formé d'un noyau où l'on trouve des protons et des neutrons. Autour de ce noyau, des électrons évoluent sur des couches spériques (niveaux d'énergie).

À qui peut-on associer chacun de ces modèles ?

A) Le premier à Démocrite et le deuxième à Dalton.

B) Le premier à Démocrite et le deuxième à Rutherford et Bohr.

C) Le premier à Aristote et le deuxième à Rutherford et Bohr.

D) Le premier à Aristote et le deuxième à Dalton.

Problème 49

Démocrite et Dalton se sont trompés ! L'atome est divisible. Décrivez l'expérience qui a permis de modifier le modèle atomique de Dalton.

Problème 50

Thomson s'est trompé ! L'atome n'est pas une particule de densité uniforme; l'atome est presque vide; autour d'un petit noyau dense chargé positivement tournent des électrons négatifs.

Décrivez l'expérience qui a modifié le modèle atomique de Thomson.

Problème 51

Rutherford s'est trompé ! Le modèle atomique de Rutherford pose un problème : l'électron devrait s'écraser sur le noyau ! Qui a apporté un changement dans le modèle atomique de Rutherford ? Expliquez ce changement.

3.4 Modèle atomique actuel simplifié

L'ESSENTIEL

- Selon le modèle actuel simplifié :
  - le **noyau**, dense et petit, est situé au centre de l'atome;
  - le noyau est constitué de **nucléons** : **protons** qui sont positifs et **neutrons** qui sont neutres, leur masse relative étant 1;
  - les **électrons** chargés négativement tournent autour du noyau sur des orbites bien définies, ils sont environ 1 836 fois plus légers que les nucléons;
  - les orbites, appelées aussi couches ou niveaux d'énergie, peuvent contenir un maximum d'électrons selon la règle suivante : la couche de niveau **n** peut contenir $\mathbf{2n^2}$ d'électrons, ce qui fait que, la première couche peut contenir au maximum 2 électrons, la deuxième, 8 électrons, et ainsi de suite.
- Le nombre maximum d'électrons sur le deuxième niveau est de 8 (**règle de l'octet**).
- Le nombre maximum de niveaux d'énergie (orbitales) est de 7.
- Le nombre de protons correspond au **numéro atomique** et c'est lui qui distingue l'élément.
- Dans un atome neutre, le nombre de protons est égal au nombre d'électrons.

- Le **nombre de masse** est égal à la somme du nombre de protons et du nombre de neutrons.

Pour s'entraîner

Problème 52

Parmi les caractéristiques suivantes, lesquelles permettent de décrire un atome à l'aide du modèle actuel simplifié Rutherford-Bohr ?

1. Le nombre d'électrons est égal au nombre de protons.
2. Le nombre de protons est égal au nombre de neutrons.
3. Le noyau est composé de neutrons, de protons et d'électrons.
4. Le noyau est composé de neutrons et d'électrons.
5. Le noyau est composé de protons et de neutrons.
6. Les protons gravitent autour du noyau.
7. Les électrons gravitent autour du noyau.

A) 1, 5 et 7. B) 1, 4 et 6. C) 1, 2 et 3. D) 2, 5 et 7.

Solution

Il faut se référer à la définition du modèle actuel simplifié (Rutherford-Bohr) d'un atome neutre. L'atome neutre contient autant de protons (+) que d'électrons (–). Son noyau est composé de protons et de neutrons et les électrons gravitent sur des couches déterminées autour du noyau.

Remarque

Même s'il n'est pas spécifié que les électrons tournent autour du noyau sur des orbites définies, l'énoncé 7 demeure vrai.

Réponse :

A.

Problème 53

Quel modèle, selon Rutherford-Bohr, représente le mieux l'atome de phosphore, P ?

A) (31p+ 15n) 2é 8é 21é

C) (16p+ 15n) 3é 8é 5é

B) (15p+ 31n) 2é 5é 8é

D) (15p+ 16n) 2é 8é 5é

Solution

Conseil

Faire en premier lieu tous les calculs et chercher ensuite un modèle qui correspond à ces calculs.

En vous référant au tableau périodique, vous trouverez que le numéro atomique du phosphore est 15 et que son nombre de masse est 31. Alors :

Numéro atomique = nombre de protons = nombre d'électrons = 15

Nombre de neutrons = nombre de masse – nombre de protons
= 31 – 15 = 16

En respectant le critère de remplissage des couches (2, 8, 8, ...), vous devez avoir :

— sur la première couche : 2 électrons;

— sur la deuxième couche : 8 électrons;

— sur la troisième couche : 5 électrons.

Réponse :

D.

Problème 54

Complétez le tableau suivant en utilisant le tableau périodique.

Élément	Numéro atomique	Nombre de masse	Nombre de protons	Nombre de neutrons	Nombre d'électrons
		14			7
$^{40}_{20}Ca$					
		31	15		
$^{16}_{8}O$					
			16	16	
				5	4
	19			20	

Solution

Conseil

> *Mémoriser les relations mathématiques entre les nombres de particules contenues dans l'atome.*

Numéro atomique = nombre de protons = nombre d'électrons

Nombre de masse = nombre de protons + nombre de neutrons

Le numéro atomique détermine l'élément.

Réponse :

Élément	Numéro atomique	Nombre de masse	Nombre de protons	Nombre de neutrons	Nombre d'électrons
$^{14}_{7}N$	**7**	14	**7**	**7**	7
$^{40}_{20}Ca$	**20**	**40**	**20**	**20**	**20**
$^{31}_{75}P$	**15**	31	15	**16**	**15**
$^{16}_{8}O$	**8**	**16**	**8**	**8**	**8**
$^{32}_{16}S$	**16**	**32**	16	16	**16**
$^{9}_{4}Be$	**4**	**9**	**4**	5	4
$^{39}_{19}K$	19	**39**	**19**	20	**19**

Pour travailler seul

Problème 55

Quel modèle, selon Rutherford-Bohr, représente le mieux l'atome de potassium ?

A) 19p+ 39n) 2é) 8é) 8é) 1é

B) 19p+ 20n) 2é) 8é) 9é

C) 19p+ 20n) 2é) 8é) 8é) 1é

D) 19p+ 39n) 2é) 8é) 9é

Problème 56

Représentez le modèle atomique simplifié (Rutherford-Bohr) de chacun des éléments suivants.

a) $^{24}_{12}Mg$ b) $^{19}_{9}F$ c) $^{7}_{3}Li$

Problème 57

Identifiez les éléments représentés par leur modèle atomique simplifié.

a)

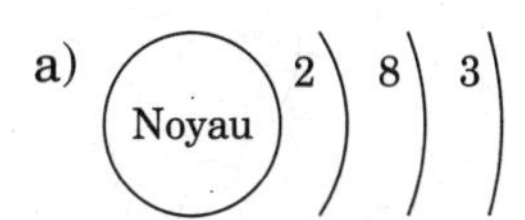

b)

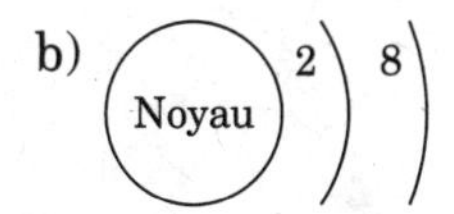

c) Noyau) 2) 3

d) Noyau) 2) 8) 8) 2

Problème 58

Quel énoncé décrit le mieux le nombre de masse et le numéro atomique d'un élément ?

A) Le numéro atomique correspond à la somme du nombre de protons et d'électrons; le nombre de masse est égal à la somme du nombre de protons et de neutrons.

B) Le numéro atomique est le même que celui de la masse atomique.

C) Le numéro atomique correspond au nombre de protons ou au nombre d'électrons de l'atome neutre; le nombre de masse est égal à la somme du nombre de protons et de neutrons.

D) Le numéro atomique est égal à la somme du nombre de protons et de neutrons; le nombre de masse est égal à la masse totale des protons et des électrons.

Problème 59

Vrai ou faux ?

a) Un proton pèse plus qu'un électron.

b) Le proton a la même charge que l'électron.

c) Un atome a habituellement plus d'électrons que de protons.

d) L'électron tourne autour du noyau de l'atome.

e) Le centre de l'atome n'a aucune charge.

f) Le neutron est situé dans le noyau et ne porte aucune charge.

4 - LA CLASSIFICATION

4.1 Nombre de masse, isotope et masse atomique

L'ESSENTIEL

- La **masse atomique** d'un élément est la masse relative de l'atome de cet élément par comparaison avec la masse de l'atome de carbone 12.
- Le **nombre de masse** d'un atome est le nombre de nucléons, de protons et de neutrons que contient le noyau de cet atome.
- Les **isotopes** d'un élément ont le même nombre de protons mais un nombre différents de neutrons (*).
- La masse atomique d'un élément indiquée dans le tableau périodique n'est pas un nombre entier, elle tient compte de l'**abondance** des isotopes de cet élément dans la nature.
- L'utilisation des isotopes comporte des avantages et des inconvénients.

Remarque

*	*Deux isotopes d'un élément ont le même numéro atomique mais leur nombre de masse est différent.*

Pour s'entraîner

Problème 60

On connaît trois isotopes du potassium : $^{39}_{19}K$, $^{40}_{19}K$, $^{41}_{19}K$.

Leur abondance dans la nature, en pourcentage, est respectivement de 93,10 % ; 0,01 % et 6,89 %.

a) Qu'est-ce qui différencie les trois isotopes de potassium ? Comment pouvez-vous expliquer cette différence ?

b) Trouvez la masse atomique moyenne du potassium.

Solutions

a) Le nombre de masse est différent pour chacun de ces isotopes. C'est le nombre de neutrons qui varie d'un isotope à l'autre, le nombre de protons restant le même.

b) La masse moyenne est :

$$\frac{93{,}10}{100} \times 39 + \frac{0{,}01}{100} \times 40 + \frac{6{,}89}{100} \times 41 = 36{,}309 + 0{,}004 + 2{,}825$$
$$= 39{,}138$$

Remarque

> *La masse atomique moyenne est un nombre dont la valeur est assez près du nombre de nucléons se trouvant dans le noyau d'isotope le plus abondant.*

Réponses :

a) Le nombre de masse est différent pour chacun de ces isotopes, parce que le nombre de neutrons varie d'un isotope à l'autre.

b) 39,138 unités de masse atomique.

Problème 61

La masse atomique peut être définie comme étant :

A) le nombre de masse d'un élément;

B) la masse totale des électrons, des neutrons et des protons d'un élément;

C) la masse de l'isotope le plus abondant;

D) la masse de l'atome, comparée à la masse de l'atome du carbone 12 pris comme référence.

Solution

A) Le nombre de masse est défini pour un isotope et pas pour un élément; par exemple, les nombres de masse du carbone 12 et du carbone 14 sont différents.

B) Même remarque qu'en A.

C) Les isotopes influent sur la masse atomique moyenne d'un élément.

D) L'atome du carbone 12 sert de référence avec une masse égale à 12. La masse atomique est définie par comparaison avec la masse de l'atome du carbone 12.

Remarque

> *Il arrive souvent que l'on confonde ces notions, car les termes se ressemblent sans avoir la même signification. Examinez attentivement tous les choix avant de choisir votre réponse.*

Réponse :

D.

Problème 62

En vous servant du tableau périodique, complétez le tableau suivant.

Élément	Numéro atomique	Nombre de masse	Masse atomique moyenne
$^{40}_{20}Ca$			
			35,453
	15		
	9	19	

Solution

Dans la notation $^{A}_{Z}X$, les lettres A et Z représentent respectivement le nombre de masse et le numéro atomique de l'isotope de l'élément X.

Le numéro atomique détermine l'élément X. La masse atomique moyenne d'un élément se trouve dans le tableau périodique. Le nombre de masse détermine l'isotope de l'élément X.

Remarque

> *La masse atomique arrondie à l'unité près représente le nombre de masse de l'isotope le plus abondant de l'élément en question.*

Réponse :

Élément	Numéro atomique	Nombre de masse	Masse atomique moyenne
$^{40}_{20}Ca$	**20**	**40**	**40,078**
$^{35}_{17}Cl$	**17**	**35**	35,453
$^{31}_{15}P$	15	**31**	**30,973**
$^{19}_{9}F$	9	19	**18,998**

Pour travailler seul

Problème 63

Le néon possède trois isotopes : le néon 20, le néon 21 et le néon 22. Leur abondance dans la nature est respectivement de 90,48 %, 0,27 % et 9,25 %. Calculez la masse atomique moyenne du néon (Ne). Laissez des traces de votre démarche.

Problème 64

La masse atomique inscrite dans le tableau périodique est un nombre décimal, car :

A) elle correspond à la moyenne des numéros atomiques de tous les isotopes de l'élément;

B) elle correspond à la moyenne des masses volumiques de tous les isotopes de l'élément;

C) elle est calculée par rapport à la moyenne de la longueur des rayons atomiques de tous les isotopes de l'élément;

D) elle correspond à la moyenne proportionnelle des masses atomiques de tous les isotopes de l'élément.

Problème 65

Les isotopes peuvent être utiles ou dangereux. Expliquez ce fait et donnez-en des exemples.

4.2 Familles et périodes du tableau périodique

L'ESSENTIEL

- Les éléments situés à la gauche de la ligne foncée en forme d'escalier dans le tableau périodique sont des **métaux** et ceux à droite sont des **non-métaux**.
- Les métaux (*) :
  - ils sont brillants, malléables;
  - ce sont de bons conducteurs d'électricité et de chaleur;
  - ils réagissent aux acides.
- Les non-métaux (**) :
  - ce sont de mauvais conducteurs d'électricité et de chaleur;
  - ils ont un aspect terne;
  - ils ne sont pas malléables.
- Les métalloïdes sont des éléments présentant des propriétés qui rendent difficile leur classement (***).
- Dans le tableau périodique, les éléments sont classés par ordre croissant de masse atomique (sauf quelques exceptions) sur 7 rangées, appelées **périodes**, et sur 18 colonnes, appelées **groupes**.
- Sur la dernière couche électronique, les éléments d'un même groupe possèdent le même nombre d'électrons, appelés **électrons de valence**.
- Les éléments d'une même période possèdent le même nombre de couches électroniques.
- La famille des **alcalins** est formée des éléments de la première colonne à gauche (à l'exception de l'hydrogène).
- La famille des **alcalino-terreux** est formée des éléments de la deuxième colonne à gauche.
- La famille des **halogènes** est formée des éléments de l'avant-dernière colonne à droite.
- La famille des **gaz inertes** est formée des éléments de la dernière colonne à droite.

Remarques

*	*Tous les **métaux**, à l'exception du mercure, sont solides à la température de la pièce. Tous les métaux sont monoatomiques.*
**	*À la température de la pièce, certains **non-métaux** sont solides, d'autres liquides ou gazeux.*
***	*Les **métalloïdes** se situent près de la ligne en escalier. Ils sont tous solides à la température de la pièce.*

Pour s'entraîner

Problème 66

Lesquelles des propriétés suivantes correspondent à la notion de famille du tableau périodique ?

1) Ses éléments ont le même nombre de couches électroniques.
2) Ses éléments réagissent tous de la même manière.
3) Ses éléments occupent une même colonne dans le tableau périodique.
4) Ses éléments occupent une même ligne dans le tableau périodique.
5) Ses éléments ont la même masse atomique.

A) 1 et 4. B) 2 et 4. C) 2 et 3. D) 3 et 5.

Solution

Lorsqu'il entreprit la classification des éléments dans le tableau périodique, Mendeleïev remarqua que plusieurs éléments avaient un comportement chimique semblable : ils réagissaient de façon similaire. On a donc appelé famille chimique les éléments qui avaient des propriétés chimiques semblables. Ces éléments ont été placés dans les colonnes du tableau périodique.

Réponse :

C.

Problème 67

Nommez les familles chimiques suivantes et remplissez les cases vides en vous servant du tableau périodique.

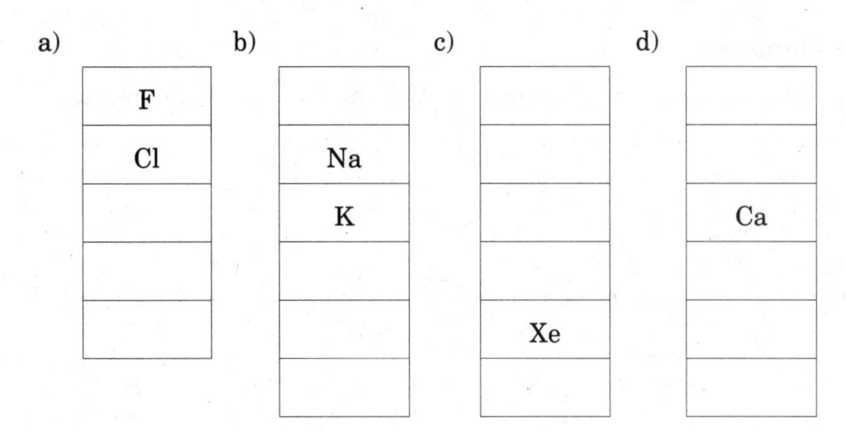

Solution

Attention

L'hydrogène, H, ne fait pas partie de la famille des alcalins.

L'exercice se fait à l'aide du tableau périodique, ainsi que le précise la question. Néanmoins, il est important de retenir le nom de ces familles.

Remarque

L'hydrogène pourrait être classé dans le groupe IA où se trouvent des alcalins, puisque, comme eux, il n'a qu'un électron de valence et qu'il réagit comme les éléments de cette famille. Mais le premier niveau ne pouvant contenir que deux électrons, l'hydrogène pourrait aussi être classé dans le groupe VIIA, car en se combinant avec les éléments de IA, il aura tendance à compléter son orbitale et à réagir ainsi comme les halogènes. C'est pourquoi nous considérons l'hydrogène comme faisant partie d'une famille distincte.

Réponses :

a) Halogènes	b) Alcalins	c) Gaz inertes	d) Alcalino-terreux
F	**Li**	**He**	**Be**
Cl	Na	**Ne**	**Mg**
Br	K	**Ar**	Ca
I	**Rb**	**Kr**	**Sr**
At	**Cs**	Xe	**Ba**
	Fr	**Rn**	**Ra**

Problème 68

Déterminez la tendance générale (*augmente* ou *diminue*) des propriétés des éléments selon le sens des flèches.

a) Activité chimique

IA								VIII
1	IIA		IIIA	IVA	VA	VIA	VIIA	2
3	4		5	6	7	8	9	10
|	|						|	
|	|						|	
⇓	⇓						⇓	
A	B						C	

b) Masse volumique

IA								VIII
1	IIA		IIIA	IVA	VA	VIA	VIIA	2
3	4		5	6	7	8	9	10
|—	—	— ⇒D	|—	—	—	—	—	⇒E
19	20		31	32	33	34	35	36

c) Point de fusion

IA													VIII
1	IIA						IIIA	IVA	VA	VIA	VIIA		2
3	4						5	6	7	8	9		10
|—	—	—	—	⇒F	|—	—	—	—	—	—	—		⇒G
19	20	21	22	23	...		31	32	33	34	35		36

d) Rayon atomique

IA										VIII
1	IIA				IIIA	IVA	VA	VIA	VIIA	2
3	4				5	6	7	8	9	10
11	12				13	14	15	16	17	18
—	—	—	—	—	—	—	—	—	—	⇒H

Solution

Conseil

Lisez les données du tableau périodique, ou bien rappelez-vous les tendances générales des points demandés.

L'**activité chimique** des éléments exprime leur tendance à réagir avec les autres éléments en donnant ou en recevant des électrons. Elle est en rapport avec le nombre d'électrons sur la dernière couche électronique. Pour les éléments ayant un ou deux électrons sur la dernière couche électronique (alcalins et alcalino-terreux), l'activité chimique augmente avec le numéro atomique. En effet, pour les éléments d'une même famille, lorsque le numéro augmente (c'est-à-dire lorsque le nombre de couches augmente), la distance qui sépare la dernière couche du noyau augmente. Cet éloignement diminue la force d'attraction. Ces atomes ont donc tendance à perdre plus facilement un ou deux électrons (**pour rejoindre la configuration électronique du gaz inerte le plus proche**). Le phénomène inverse se produit pour les halogènes : ils ont plutôt tendance à conserver leurs électrons puisque leur couche périphérique est presque pleine; ils sont donc des receveurs cherchant à garder et à capter des électrons.

Pour les éléments de la troisième période, on observe que la **masse volumique** (densité en g/cm^3), augmente dans les premiers éléments et diminue ensuite, lorsqu'ils se rapprochent des gaz inertes.

Les **observations** des données du tableau périodique permettent de déterminer la tendance de la masse volumique. Il en sera de même pour le point de fusion et le rayon atomique.

Réponses :

a) A augmente, B augmente et C diminue.

b) D augmente et E diminue.

c) F augmente et G diminue.

d) H diminue.

Problème 69

La masse atomique varie d'une façon irrégulière lorsqu'on passe d'un élément à l'autre dans le tableau périodique.

Laquelle des affirmations suivantes permet d'expliquer cette variation irrégulière de la masse atomique ?

A) Le nombre de protons augmente de façon irrégulière d'un élément à l'autre.

B) Le nombre de neutrons augmente de façon irrégulière d'un élément à l'autre.

C) Le numéro atomique augmente de façon irrégulière d'un élément à l'autre.

D) Le nombre d'électrons augmente de façon irrégulière d'un élément à l'autre.

Solution

Conseil

Lorsqu'une question contient une affirmation, prenez le temps de vérifier celle-ci à l'aide du tableau périodique.

Le nombre de protons augmente de façon régulière d'un élément à l'autre, il correspond au numéro atomique. S'il y a une variation irrégulière de la masse, c'est donc la variation du nombre de neutrons qui influe sur la masse. C'est l'abondance relative des isotopes des éléments qui influe alors sur la masse atomique.

Réponse :

B.

Pour travailler seul

Problème 70

Classez les propriétés ci-dessous en deux colonnes selon qu'elles caractérisent les métaux ou les non-métaux.

1. Mauvais conducteurs de courant.
2. Bons conducteurs de courants.
3. Malléables.
4. Brillants.
5. Réagissent avec certains acides.
6. Ne réagissent pas en présence d'un acide.
7. Bons conducteurs de chaleur.
8. Se brisent au lieu de se couper.
9. Ternes.
10. Mauvais conducteurs de chaleur.

Problème 71

Associez chacune des familles à sa description.

Familles

1. Alcalino-terreux.
2. Alcalins.
3. Halogènes.
4. Gaz inertes.

Descriptions

A. Famille d'éléments qui ne réagissent pas chimiquement et dont certains peuvent servir dans les enseignes lumineuses.

B. Métaux mous, bons conducteurs, qui fondent à basse température.

C. Métaux analogues aux alcalins, mais en général plus durs et moins réactifs.

D. Éléments qui ont une grande affinité avec les alcalins (famille IA) et les alcalino-terreux (famille IIA), avec lesquels ils forment des composés (appelés sels).

Problème 72

Quel énoncé décrit le mieux un électron de valence ?

A) Électron situé sur la couche électronique la plus proche du noyau.

B) Électron situé sur la dernière couche électronique.

C) Électron qui s'est détaché de son atome.

D) Électron libre.

Problème 73

Trouvez dans les schémas suivants deux modèles atomiques qui correspondent aux éléments de la famille des métaux alcalino-terreux.

A)
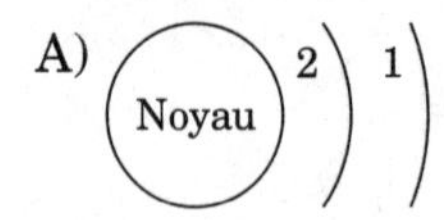

C)
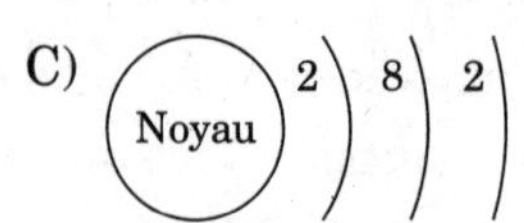

B)
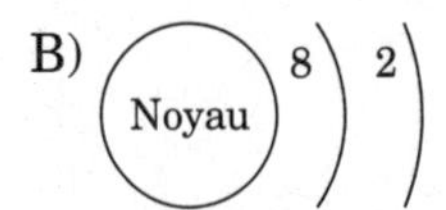

D)
Noyau
2
2

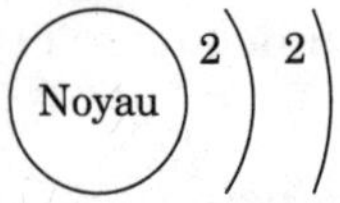

Problème 74

Complétez le tableau suivant (attention aux cas particuliers de la deuxième et de la quatrième ligne).

Élément	Groupe	Période	Nombre d'électrons de valence	Nombre de niveaux
	IIA			3
		I	4	
Na				
	VIA		6	
	IVB	IV		

Problème 75

Dans le tableau périodique ci-dessous, cinq éléments sont identifiés.

IA 1	IIA 2	IIIA 13	IVA 14	VA 15	VIA 16	VIIA 17	VIII 18
		5 B 10,81			8 O 16,00		
11 Na 22,99							18 Ar 39,98
	20 Ca 40,08						

Chacun de ces éléments peut être associé à l'une des caractéristiques énumérées ci-dessous.

1. Possède 6 électrons sur son dernier niveau d'énergie.

2. Est un gaz rare qui ne réagit ni avec les métaux, ni avec les non-métaux.
3. Possède un proton de plus qu'un alcalino-terreux.
4. Est un métal qui réagit violemment avec l'eau.
5. Possède des électrons situés sur 4 niveaux d'énergie.

Quel élément peut être associé à chacune de ces caractéristiques ?

5 - LA MOLÉCULE

5.1 Électrolyse, molécule, formule moléculaire et règle d'octet

L'ESSENTIEL

- Le procédé consistant dans la **décomposition d'une substance** sous l'effet d'un courant électrique est appelé **électrolyse**. L'**électrolyse** est par le fait même un **changement chimique** puisque les substances obtenues n'ont pas les mêmes propriétés caractéristiques que la substance originale. Par exemple, l'eau peut être décomposée en ses constituants, l'hydrogène et l'oxygènes par l'électrolyse.
- Un ensemble d'atomes réunis par des liaisons chimiques est appelé **molécule**. Chaque molécule est représentée par sa **formule moléculaire**. Par exemple, Fe_2O_3 représente du trioxyde de difer, N_2O_5 représente du pentoxyde de diazote (*).
- Le rapport entre les nombres d'atomes présents dans une molécule est le même que celui entre les volumes des gaz obtenus par électrolyse.
- Un atome est considéré comme **chimiquement stable** s'il possède huit électrons sur son dernier niveau énergétique. C'est la **règle de l'octet** (**).
- Les **gaz inertes** ont leur **dernière couche pleine**. Ce sont donc des substances chimiquement stables qui n'auront pas tendance à former des molécules, mais plutôt à demeurer sous forme atomique.

Remarque

*	*Dans la nature, il y a peu d'atomes libres. Les atomes tendent à compléter leur couche électronique pour devenir plus stable en partageant, en donnant ou en recevant des électrons.*

Attention

** *Cette règle ne s'applique pas aux deux premiers éléments du tableau périodique, qui visent à avoir deux électrons sur leur dernière couche ou aucun électron. En effet, l'hydrogène peut donner son seul électron pour avoir une couche vide ou bien en gagner un seul pour compléter sa première couche.*

Pour s'entraîner

Problème 76

Lesquels des énoncés suivants sont vrais ?

A) L'électrolyse de l'eau est un changement physique.

B) L'électrolyse de l'eau est un changement chimique.

C) L'électrolyse de l'eau est le procédé permettant la décomposition de l'eau en ses différents constituants sous l'effet d'un courant électrique.

D) Lors de l'électrolyse de l'eau, il se forme un volume deux fois plus grand d'hydrogène que d'oxygène.

E) Lors de l'électrolyse de l'eau, il se forme un volume deux fois plus petit d'hydrogène que d'oxygène.

Solution

Conseil

Il est aussi important de s'assurer qu'un énoncé, une loi, une formule sont vrais ou corrects que de savoir expliquer pourquoi les autres énoncés, lois ou formules sont faux. Nous devons pouvoir donner des contre-exemples qui nous permettent de rejeter ces choix.

L'électrolyse de l'eau est un changement qui donne de nouvelles substances ayant de nouvelles propriétés, ce n'est donc pas un changement physique. Lors de l'électrolyse de l'eau, il se forme un volume deux fois plus grand d'hydrogène que d'oxygène.

Réponse :

B, C et D.

Problème 77

Appliquez la loi de l'octet en combinant :

a) le **lithium** (métal) avec le **fluor** (non-métal);

Numéro de groupe : _____ _____

Nombre de liens : _______ ______

La formule moléculaire de ce composé est : _______

b) le **magnésium** (métal) avec le **chlore** (non-métal);

Numéro de groupe : ______ ______

Nombre de liens : _______ ______

La formule moléculaire de ce composé est : ________

c) l'**aluminium** (métal) avec l'**oxygène** (non-métal).

Numéro de groupe : _____ ________

Nombre de liens : _______ ________

La formule moléculaire de ce composé est : _______

Solutions

a) L'atome de lithium, Li (n° 3), du groupe IA, possède un seul électron sur sa dernière couche. Il aura tendance à **perdre** cet électron pour rejoindre la configuration électronique de l'hélium, He (n° 2), car lorsqu'il perd cet électron, la dernière couche disparaît et l'avant-dernière couche se trouve être déjà remplie avec 2 électrons. Il aura la possibilité de former un seul lien.

L'atome de fluor, F (n° 9), du groupe VIIA, a 7 électrons sur sa dernière couche. Il aura tendance à compléter cette couche en allant **chercher** un électron pour avoir 8 électrons sur sa dernière couche, ce qui lui donnera la configuration électronique du néon, Ne (n° 10). Il aura la possibilité de former un seul lien.

Remarque

Le nombre de liens que peut établir un atome est le nombre d'électrons qu'il doit gagner ou perdre pour que sa dernière couche soit pleine.

b) L'atome de magnésium, Mg (n° 12), du groupe IIA, possède deux électrons sur sa dernière couche. Il aura tendance à **perdre** ces électrons pour rejoindre la configuration électronique du néon, Ne (n° 10). Il aura la possibilité de former deux liens.

L'atome de chlore, Cl (n° 17), du groupe VIIA, a 7 électrons sur sa dernière couche. Il aura tendance à compléter cette couche en allant **chercher** un électron pour avoir 8 électrons sur sa dernière couche afin de rejoindre la configuration électronique de l'argon, Ar (n° 18). Il aura la possibilité de former un seul lien.

Remarque

Il faut deux atomes de chlore pour former deux liens.

c) L'atome d'aluminium, Al (n° 13), du groupe IIIA, possède 3 électrons sur sa dernière couche. Il aura tendance à **perdre** ces électrons pour rejoindre la configuration électronique du néon, Ne (n° 10), car lorsqu'il perd ces électrons, la dernière couche disparaît et l'avant-dernière couche se trouve être déjà remplie avec 8 électrons. Il aura la possibilité de former trois liens.

L'atome d'oxygène, O (n° 8) du groupe VIA, a 6 électrons sur sa dernière couche. Il aura tendance à compléter cette couche en allant **chercher** deux électrons pour avoir 8 électrons sur sa dernière couche, ce qui lui donnera la configuration électronique du néon, Ne (n° 10). Il aura la possibilité de former deux liens.

Remarque

Il faut trois atomes d'oxygène et deux atomes d'aluminium pour obtenir le même nombre de liens pour les deux éléments.

Réponses :

a) Numéro de groupe : IA VIIA
Nombre de liens : 1 1
La formule moléculaire de ce composé est : LiF

b) Numéro de groupe : IIA VIIA
Nombre de liens : 2 1
La formule moléculaire de ce composé est : $MgCl_2$

c) Numéro de groupe : IIIA VIA
Nombre de liens : 3 2
La formule moléculaire de ce composé est : Al_2O_3

Problème 78

Parmi les formules moléculaires données ci-dessous, corrigez celles qui sont fausses.

A) H_2 B) $LiCl_2$ C) CaO D) Al_3S_2 E) NaO_2 F) SiO_2

Solution

Attention

> *On peut exposer un problème différemment tout en faisant appel aux mêmes connaissances. Il faut toujours se référer à la loi de l'octet.*

A) L'hydrogène ayant un seul électron sur son dernier niveau, il aura tendance à former un seul lien. Donc, s'il se combine avec un autre atome d'hydrogène, la molécule sera bien H_2.

B) L'atome de lithium, Li (n° 3), du groupe IA, donne la possibilité de former un seul lien.

L'atome de chlore, Cl (n° 17), du groupe VIIA, peut former un seul lien. La formule moléculaire est alors $LiCl$.

C) L'atome de calcium, Ca (n° 20), du groupe IIA, peut former deux liens.

L'atome d'oxygène, O (n° 8), du groupe VIA, donne la possibilité de former deux liens. La molécule sera bien CaO.

D) L'atome d'aluminium, Al (n° 13), du groupe IIIA, donne la possibilité de former trois liens.

L'atome de souffre, S (n° 16), du groupe VIA, peut former deux liens. La formule moléculaire sera alors Al_2S_3.

E) L'atome de sodium, Na (n° 11), du groupe IA, offre la possibilité de former un seul lien et le nombre de liens possibles dans le cas d'un atome d'oxygène, O (n° 8), du groupe VIIA, est 2. La formule moléculaire est donc Na_2O.

F) L'atome de silicium, Si (n° 14), du groupe IVA, peut former quatre liens. Dans le cas d'un atome d'oxygène, O (n° 8), du groupe VIIA, le nombre de liens est 2. La formule moléculaire est donc SiO_2.

Réponse :

B, D et E.

Les formules corrigées : $LiCl$, Al_2S_3 et Na_2O.

Pour travailler seul

Problème 79

Dans la liste ci-dessous, choisissez les symboles qui représentent des atomes et ceux qui représentent des molécules :

Co, NaCl, Na, CO_2, O_2, $NaHCO_3$, CO, F.

Problème 80

Combien de liens chimiques peut avoir :

a) un élément du groupe IIA ?

b) un élément du groupe VIII ?

c) un élément du groupe VA ?

d) un élément du groupe VIA ?

Problème 81

Remplissez le tableau suivant. Sur la dernière ligne, indiquez les formules moléculaires des composés.

Composé	Baryum et iode		Lithium et chlore		Aluminium et brome	
Symbole						
Groupe						
Perte d'électrons						
Gain d'électrons						
Nombre de liens						
Formule						

Problème 82

Lequel des énoncés est vrai ?

A) Un atome est stable lorsqu'il possède autant de neutrons que de protons.

B) Un atome est stable lorsqu'il possède 8 électrons sur sa dernière couche.

C) Un atome est stable lorsqu'il réagit seulement avec les atomes du même groupe.

D) Un atome est stable lorsque sa dernière couche est comble.

Problème 83

Des atomes de calcium, Ca, et des atomes de chlore, Cl, peuvent réagir ensemble pour former un composé.

Quelle est la formule de ce composé ?

Justifiez votre résultat en tenant compte des électrons ou des possibilités de liaisons.

Problème 84

Après l'électrolyse d'une substance inconnue, on mesure 30 ml d'un gaz X et 10 ml d'un gaz Y.

Lequel des modèles suivants représente la molécule de la substance inconnue ?

A)

B)

C) 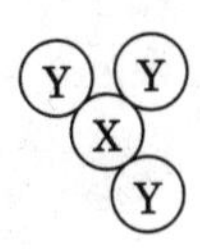

D) 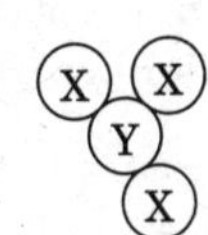

5.2 Règles de nomenclature des composés binaires

L'ESSENTIEL

- Un **composé binaire** est formé à partir de deux éléments.
- Pour nommer un composé binaire à partir de la formule moléculaire, on applique les règles suivantes (*).

- L'élément qui apparaît en deuxième dans la formule est nommé en premier avec le suffixe **-ure** et l'élément qui apparaît en premier dans la formule est nommé en deuxième dans le nom du composé. Par exemple, le nom du composé NaCl est chlor**ure** de sodium.
- On utilise des préfixes pour désigner le nombre d'atomes de chaque élément dans la formule moléculaire : mono (1) ; di (2) ; tri (3) ; tétra (4) ; penta (5) ; hexa (6) ; hepta (7) ; octa (8) ; nona (9) ; déca (10). Par exemple, le nom du composé P_2O_5 est **penta**oxyde de **di**phosphore.

• La **notation par trait** ou **représentation structurale** est employée pour visualiser la position des atomes dans une molécule. Ainsi, la représentation structurale de la molécule CO_2 est O = C = O.

Attention aux exceptions

* *La première règle ne s'applique pas aux composés formés par certains éléments : oxyde, hydrure, nitrure, carbure, sulfure.*

Pour s'entraîner

Problème 85

Parmi les structures suivantes, indiquez celle qui illustre le mieux le tétrachlorure de carbone.

A) 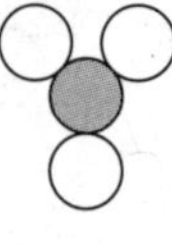 B) 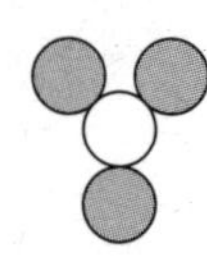 C) 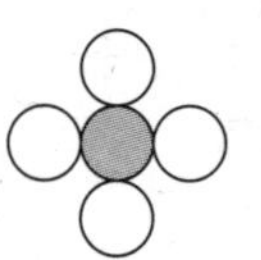 D) 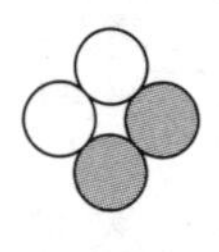

Solution

Même si un problème ne comporte pas de légende, on peut faire une hypothèse ou bien essayer de le résoudre en décortiquant adéquatement l'énoncé.

Dans ce cas-ci, on peut retrouver la formule moléculaire du tétra-chlorure de carbone :

Tétra : 4

Chlorure : Cl

Carbone : C

Formule moléculaire : CCl_4

La molécule doit contenir 4 atomes de chlore pour un seul atome de carbone.

Réponse :

C.

Problème 86

Donnez la formule moléculaire ou le nom de la molécule, selon le cas.

a) Dioxyde de carbone _____ d) __________ CO

b) Tétrachlorure de carbone _____ e) __________ SO_3

c) Trioxyde de dialuminium ________ f) ____________ CaS

Solutions

a) Le nom du composé étant **di**oxyde (O_2) de carbone (C), la formule est CO_2.

b) Le nom du composé étant **tétra**chlorure (Cl_4) de carbone (C), la formule est CCl_4

c) Le nom du composé étant **tri**oxyde (O_3) de **di**aluminium (Al_2), la formule est Al_2O_3

d) Dans le nom du composé CO, le premier élément, C (carbone), se retrouve inchangé à la fin du nom, et le nom du deuxième élément, O (oxygène), se retrouve en premier, changé en **oxyde** (oxygène faisant exception à la première règle) et précédé du préfixe **mono**. Le nom de ce composé est donc nonoxyde de carbone.

e) Dans le nom du composé SO_3, le premier élément, S (soufre), se retrouve inchangé à la fin du nom, et le nom du deuxième élément, O (oxygène), se retrouve en premier, changé en **oxyde** et précédé du préfixe **tri**. Le nom de ce composé est donc trioxyde de soufre.

f) Dans le nom du composé CaS, le premier élément, Ca (calcium), se retrouve inchangé à la fin du nom, et le nom du deuxième élément, S (soufre), se retrouve en premier, changé en **sulfure** (soufre faisant exception à la première règle) et précédé du préfixe **mono**. Le nom de ce composé est donc monosulfure de calcium.

Réponses :

a) CO_2 b) CCl_4 c) Al_2O_3 d) Monoxyde de carbone.

e) Trioxyde de soufre. f) Monosulfure de calcium.

Problème 87

Un atome de carbone se combine avec 4 atomes de chlore pour former une molécule.

a) Quelle est sa formule moléculaire ?

b) Quel est le nom de cette molécule ?

c) Quelle est sa représentation structurale ?

Solutions

Attention

> *En général, l'élément qui se trouve à gauche dans le tableau périodique commence la formule moléculaire et celui qui se trouve à droite la termine.*

a) Le carbone se trouvant à gauche dans le tableau périodique, il commence la formule moléculaire, qui est alors CCl_4.

b) Dans le nom du composé CCl_4, le premier élément, C (carbone), se retrouve inchangé à la fin du nom, et le nom du deuxième élément, Cl (chlore), se retrouve en premier, avec le suffixe -**ure** et précédé du préfixe **tétra**-.

c) L'atome de carbone a une possibilité de quatre liaisons, étant donné qu'il possède quatre électrons de valence. Sa représentation structurale devra indiquer un atome de carbone avec quatre traits permettant de relier cet atome à chacun des atomes du chlore qui, lui, ne possède qu'une seule possibilité de liaison (sept électrons de valence).

Réponses :

a) CCl_4

b) Tétrachlorure de carbone.

c)

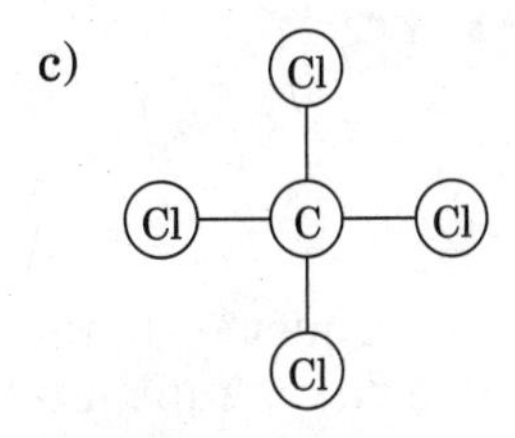

Pour travailler seul

Problème 88

Quel schéma représente la formation du dioxyde de soufre, SO_2 (l'atome de soufre est représenté par une bille noire et celui d'oxygène par une bille grise) ?

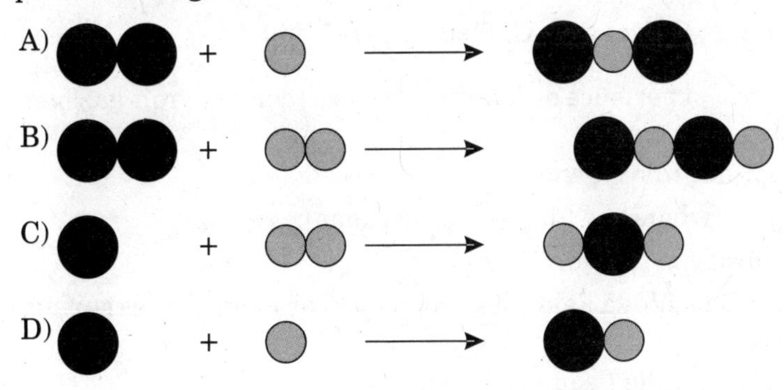

VÉRIFIEZ VOS ACQUIS

Section A

1. Dans un atelier, Louis trouve 5 bouteilles sans étiquette contenant chacune une substance pure. Pour chacune de ces substances liquides incolores, il note les propriétés suivantes :

1) le point d'ébullition;

2) la masse;

3) le volume;

4) la masse volumique.

Quelles propriétés permettraient à Louis d'identifier ces liquides ?

A) 1 et 2. B) 1 et 3. C) 2 et 4. D) 1 et 4.

2. Au cours d'expérience de laboratoire, on a identifié trois gaz bien connus :

a) l'oxygène (dioxygène);

b) le gaz carbonique (dioxyde de carbone);

c) l'hydrogène (dihydrogène).

On les a identifiés à l'aide des propriétés caractéristiques suivantes :

1) Le gaz brouille l'eau de chaux.

2) Il explose à la flamme.

3) Il rallume un tison.

Associez chaque gaz avec la propriété caractéristique qui permet de l'identifier.

A) a et 1, b et 2, c et 3.

B) a et 2, b et 1, c et 3.

C) a et 3, b et 1, c et 2.

D) a et 3, b et 2, c et 1.

3. Stéphanie veut enlever le papier peint de sa chambre. Elle utilise un appareil qui émet un jet de vapeur d'eau très chaude.

Quel énoncé explique le changement qui se produit ?

A) C'est un changement chimique, car la vapeur d'eau très chaude brûle le papier peint.
B) C'est un changement physique, car la vapeur d'eau très chaude brûle le papier peint.
C) C'est un changement chimique, car la vapeur d'eau très chaude dissout la colle retenant le papier peint.
D) C'est un changement physique, car la vapeur d'eau très chaude dissout la colle retenant le papier peint.

4. Au laboratoire, on a chauffé de petits morceaux de calcaire dans un creuset à 1 000 °C pendant 15 minutes et on les a laissés refroidir. Avant et après le chauffage, on a procédé aux tests suivants : mesure de la masse, observation de la couleur des morceaux, effet de l'eau et effet de l'acide acétique (vinaigre).

On a obtenu les résultats suivants :

Test	Avant le chauffage	Après le chauffage
Masse	10,0 g	5,7 g
Couleur	gris foncé	blanc
Effet de l'eau	aucun	effervescence
Effet du vinaigre	effervescence	aucun

Que peut-on déduire de ces résultats ?

A) Il y a eu un changement physique parce que la nature de la substance n'a pas été modifiée.
B) Il y a eu un changement chimique parce que la nature de la substance a été modifiée.
C) Il y a eu un changement physique parce que la nature de la substance a été modifiée.
D) Il y a eu un changement chimique parce que la nature de la substance n'a pas été modifiée.

5. Mathieu propose une façon d'obtenir de la vapeur d'eau. Voici la description de ses manipulations.

1) Il sort un glaçon du congélateur et le laisse fondre à la température ambiante.
2) Il fait l'électrolyse de l'eau obtenue pour produire du dihydrogène (H_2) et du dioxygène (O_2).
3) Il mélange les deux gaz dans un contenant.
4) Il fait exploser le mélange gazeux à l'aide d'une étincelle électrique et il obtient de la vapeur d'eau.

Classez les manipulations effectuées par Mathieu selon qu'il s'agit de changements chimiques ou de changements physiques.

A) Changements chimiques : 1 et 2.
Changements physiques : 3 et 4

B) Changements chimiques : 2 et 4.
Changements physiques : 1 et 3

C) Changements chimiques : 1 et 3.
Changements physiques : 2 et 4

D) Changements chimiques : 3 et 4.
Changements physiques : 1 et 2

6. Au laboratoire, on vous remet une poudre rose dans une éprouvette. Votre enseignante vous informe qu'il s'agit d'une substance pure.

En chauffant l'éprouvette, vous observez un dégagement de gaz et la formation d'un résidu noir.

Que peut-on conclure à propos de la substance initiale ?

A) C'est un élément.
B) C'est un composé.
C) C'est une solution.
D) C'est un mélange.

7. Parmi les caractéristiques suivantes, lesquelles permettent de décrire un atome à l'aide du modèle actuel simplifié (Rutherford-Bohr) ?

1) Le nombre d'électrons est égal au nombre de protons.
2) Le nombre de protons est égal au nombre de neutrons.

3) Le noyau est composé de neutrons, de protons et d'électrons.
4) Le noyau est composé de neutrons et d'électrons.
5) Le noyau est composé de protons et de neutrons.
6) Les protons gravitent autour du noyau.
7) Les électrons gravitent autour du noyau.

Choix de réponses :

A) 2, 5 et 7. B) 1, 4 et 6. C) 1, 2 et 3. D) 1, 5 et 7.

8. Parmi les énoncés suivants, lequel décrit une caractéristique commune aux modèles de Thomson et Rutherford ?

A) L'atome est formé de charges positives et de charges négatives.

B) Les charges négatives sont distribuées uniformément dans l'atome.

C) Les électrons gravitent autour du noyau.

D) Le noyau des atomes est composé de protons et de neutrons.

9. L'étude du comportement de la matière a permis d'imaginer un modèle simple comme celui de « Rutherford-Bohr ».

Si le numéro atomique de l'oxygène est 8 et que son nombre de masse est 16, quel schéma, selon ce modèle, représente l'atome d'oxygène ?

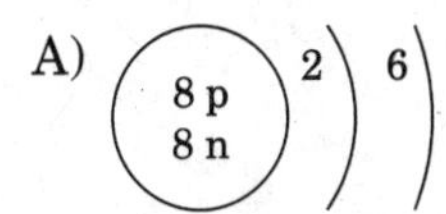

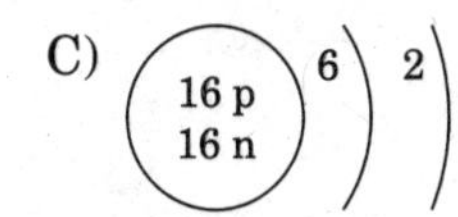

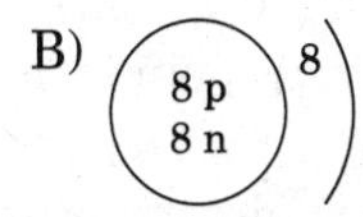

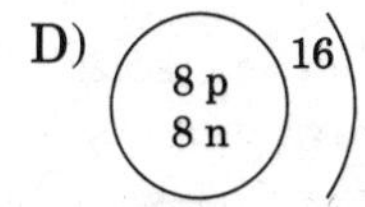

10. Dans le tableau de classification périodique, on trouve les éléments suivants :

18 – Ar – Argon

19 – K – Potassium

25 – Mn – Manganèse

35 – Br – Brome

Que nous révèle la position de ces éléments dans le tableau de classification périodique ?

A) L'argon est un gaz inerte.
Le potassium est un alcalin.
Le manganèse est un métal.
Le brome est un non-métal.

B) L'argon est un non-métal.
Le potassium est un métal.
Le manganèse est un métal.
Le brome est un alcalino-terreux.

C) L'argon est un gaz inerte.
Le potassium est un métal.
Le manganèse est un halogène.
Le brome est un non-métal.

D) L'argon est un halogène.
Le potassium est un alcalin.
Le manganèse est un métal.
Le brome est un non-métal.

11. Après l'électrolyse d'une substance inconnue, on mesure 30 ml d'un gaz X et 15 ml d'un gaz Y.

Lequel des modèles suivants représente la molécule de la substance inconnue ?

A) Y X Y   B) Y Y X Y   C) Y X X   D) X X Y X

12. Le carbone brûle en présence d'oxygène (dioxygène) pour former du dioxyde de carbone (CO_2).

L'atome de carbone est représenté par une bille noire et l'atome d'oxygène par une bille grise.

Quel modèle représente cette réaction chimique ?

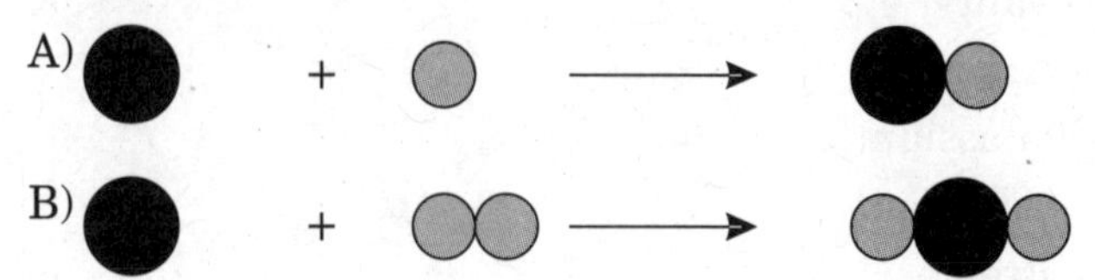

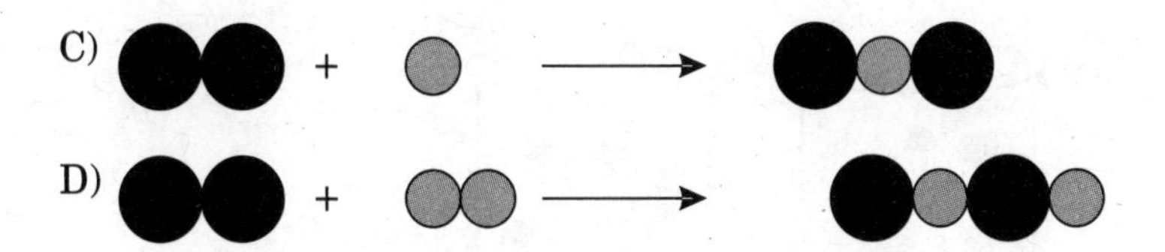

13. Parmi les structures suivantes, indiquez celle qui illustre le mieux le trihydrure d'azote (l'atome de l'hydrogène est représenté par une bille noire et celui de l'azote par une bille grise).

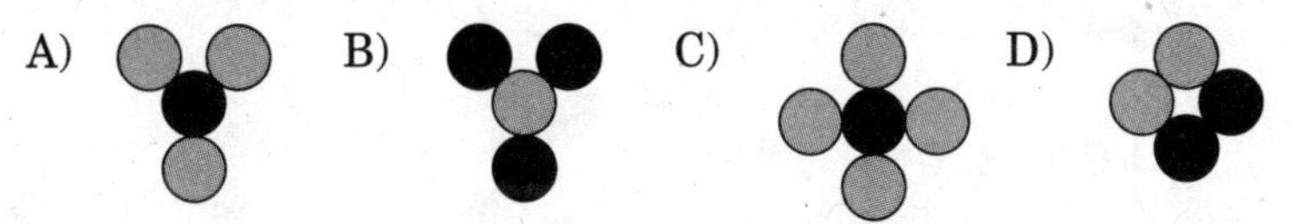

14. Pauline a chauffé un mélange de poudre de soufre et de plomb dans une éprouvette fermée par une membrane de caoutchouc (figure de gauche). Après la réaction (figure de droite), elle observe du soufre sur les parois de l'éprouvette et du sulfure de plomb au fond.

Quel modèle représente cette transformation chimique ?

On représente le soufre par une bille grise et le plomb par une bille noire.

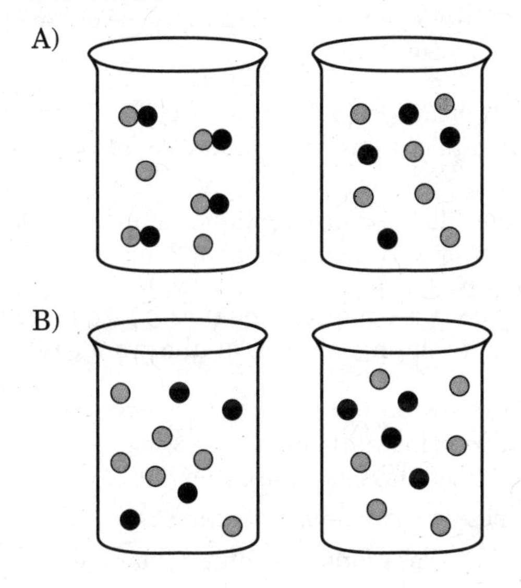

C)

D)

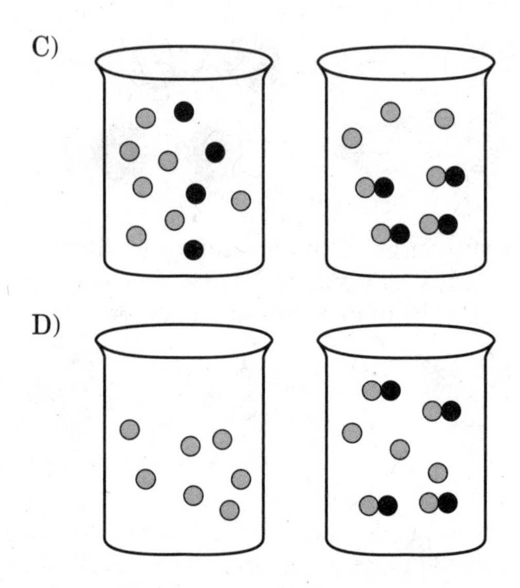

Section B

1. Claude chauffe dans une éprouvette une substance solide. Elle observe un dégagement de gaz et il reste un solide gris dans l'éprouvette. La substance de départ est-elle un composé ou un élément? Justifiez votre réponse.

2. Dans la structure du tableau périodique, on a classé dans une même famille les éléments qui ont un comportement chimique semblable.

   À quelle caractéristique du modèle atomique actuel simplifié (Rutherford-Bohr) est associé ce regroupement ?

3. En vous servant du modèle atomique, expliquez pourquoi le lithium, le sodium et le potassium manifestent une grande réactivité chimique.

4. Vous devez démontrer expérimentalement aux collègues de votre classe que l'eau pure est composée de deux éléments.

   Quelles seront les étapes de votre démonstration ?

   Laissez les traces de toutes les étapes de votre démarche.

5. On a décollé les étiquettes de trois bonbonnes contenant respectivement de l'oxygène, de l'hydrogène et du dioxyde de carbone.

   Élaborez un protocole qui vous permettra de remettre chaque étiquette sur la bonbonne correspondante.

   Laissez les traces de toutes les étapes de votre démarche.

6. Un chercheur a noté en laboratoire des renseignements relatifs à un élément :

   1) solide;
   2) mauvais conducteur de la chaleur et de l'électricité;
   3) dont le noyau de l'atome contient moins de 18 protons;
   4) dont la dernière couche électronique possède 5 électrons.

   Quel est cet élément?

   Justifiez votre réponse en invoquant au moins trois arguments.

7. Au cours de vos travaux de recherche, vous notez des informations sur les cinq éléments suivants :

   Élément A :

   - solide;
   - conduit le courant électrique;
   - possède 2 électrons sur sa couche électronique extérieure;
   - masse volumique faible.

   Élément B :

   - masse volumique très faible;
   - ne conduit pas le courant électrique;
   - possède 7 électrons sur sa couche électronique extérieure;
   - couleur vert très pâle.

   Élément C :

   - existe en très petite quantité dans la nature;
   - ne forme pas de composés avec les autres éléments;
   - gazeux;
   - point d'ébullition très bas.

   Élément D :

   - conduit le courant électrique;

- mauvais conducteur de la chaleur;
- très dur;
- non ductile et non malléable.

Élément E :

- solide;
- ductile et malléable;
- bonne conductibilité électrique et thermique;
- point de fusion peu élevé.

Classez les éléments ci-dessus parmi les métaux, les non-métaux ou les métalloïdes, puis justifiez vos réponses.

Laissez les traces de toutes les étapes de votre démarche.

MODULE II

Phénomènes électriques

1 - LE MAGNÉTISME

1.1 Substances magnétiques, ferromagnétiques et non magnétiques

L'ESSENTIEL

- Une substance qui possède la propriété d'attirer le fer et certaines autres substances est appelée substance **magnétique** (*).
- Une substance qui est fortement attirée par un aimant est appelée substance **ferromagnétique**.
- Une substance non influencée par le magnétisme est dite substance **non magnétique**.

Conseil

* *Vous pouvez avoir de la difficulté à distinguer ces trois notions, surtout les notions de* ***magnétisme*** *et de* ***ferromagnétisme****.*

La connaissance de la grammaire pourra vous aider : la distinction entre la forme active et la forme passive du verbe ***attirer*** *vous éclairera sur la différence qui existe entre ces deux notions.*

*Une substance magnétique attire (****forme active****).*

*Une substance ferromagnétique est attirée (****forme passive****).*

La substance qui n'attire pas d'autres substances et qui n'est pas attirée par d'autres substances est une substance non magnétique

Pour s'entraîner

Problème 1

Remplissez le tableau en associant à chaque propriété sa description ainsi qu'au moins un exemple.

Propriété	Description	Exemple(s)
Substance magnétique		
Substance ferromagnétique		
Substance non-magnétique		

Descriptions :

1. Substance qui ne peut pas attirer un aimant et qu'aucun aimant ne peut attirer.
2. Substance qui attire tous les objets.
3. Substance qui est attirée par un aimant et qui, en présence d'un aimant, devient elle-même aimantée.
4. Substance qui attire le fer et n'attire aucune autre substance.
5. Substance qui attire certaines autres substances, par exemple le cobalt.

Exemples :

A. Fer C. Nickel E. Cobalt
B. Verre D. Papier F. Magnétite

Solution

Conseil

Ici, il faut être capable de choisir une bonne définition même si elle diffère de celle que vous avez apprise. Il peut exister plusieurs définitions d'une même notion. Il faut bien lire en entier les descriptions proposées. Parfois, une partie de l'énoncé peut être bonne, alors que dans son ensemble l'énoncé ne correspond pas à l'objet défini.

Si une substance ne peut pas attirer et qu'aucun aimant ne peut l'attirer, alors elle n'est pas influencée par le magnétisme. La description 1 définit donc une substance non magnétique. Les non-métaux, le bois, le verre, l'ébonite sont des exemples de substances non magnétiques.

La description 2 ne correspond à aucune propriété parce qu'une telle substance (qui attire tous les objets) n'existe pas.

Une substance qui est attirée (forme passive) par un aimant est une substance ferromagnétique. Le fer et d'autres métaux, notamment le nickel et le cobalt, sont fortement attirés par un aimant.

La description 4 ne correspond à aucune propriété. Une substance qui attire le fer attire aussi le cobalt et le nickel.

Une substance qui attire (forme active) certaines autres substances est une substance magnétique. La magnétite (oxyde de fer) en est un exemple.

Réponse :

Propriété	**Description**	**Exemple(s)**
Substance magnétique	5	F
Substance ferromagnétique	3	A, C et E
Substance non magnétique	1	B et D

Pour travailler seul

Problème 2

Dans la liste suivante, certains événements correspondent à des phénomènes magnétiques, lesquels ?

A) L'éclipse du Soleil.

B) L'aiguille d'une boussole indiquant le Nord.

C) Les cheveux qui collent au peigne après qu'on les a peignés.

D) La perte de réception d'un poste de radio lorsqu'on passe sous une ligne de haute tension.

E) Les planètes qui tournent autour du Soleil.

Problème 3

Parmi les objets ci-dessous, quel est celui dont le fonctionnement est basé sur le phénomène magnétique ?

A) Une ampoule électrique.

B) Un haut-parleur.

C) Un fer à repasser.

D) Une pile électrique.

Problème 4

On dispose d'une tige de fer, d'une tige de verre et d'un aimant.

Remplissez le tableau ci-dessous en y inscrivant les lettres qui conviennent.

A, dans le cas où il y a attraction entre les deux objets.

R, dans le cas où il y a répulsion entre les deux objets.

X, dans le cas où il n'y a pas d'interaction entre les deux objets.

	Tige de fer	Tige de verre	Aimant
Tige de fer	X	X	A
Tige de verre	X	X	X
Aimant	A	X	R - A

1.2 Champ magnétique

L'ESSENTIEL

- Le **champ magnétique** d'un aimant est la région où s'exercent les effets magnétiques de cet aimant.
- Les **lignes de champ magnétique** indiquent la direction et le sens de la force qui s'exercerait sur le pôle nord d'un aimant placé à un endroit donné du champ magnétique. On symbolise le champ magnétique par $\vec{B}$.
- Par convention, les lignes de champ magnétique autour d'un aimant **sortent du pôle nord et entrent dans le pôle sud**. (*)
- Les lignes de champ magnétique ne se coupent pas.

Attention

* *À l'intérieur de l'aimant, les lignes sont orientées du pôle sud vers le pôle nord.*

Pour s'entraîner

Problème 5

Quelle figure représente correctement les lignes de champ magnétique autour d'un barreau aimanté ?

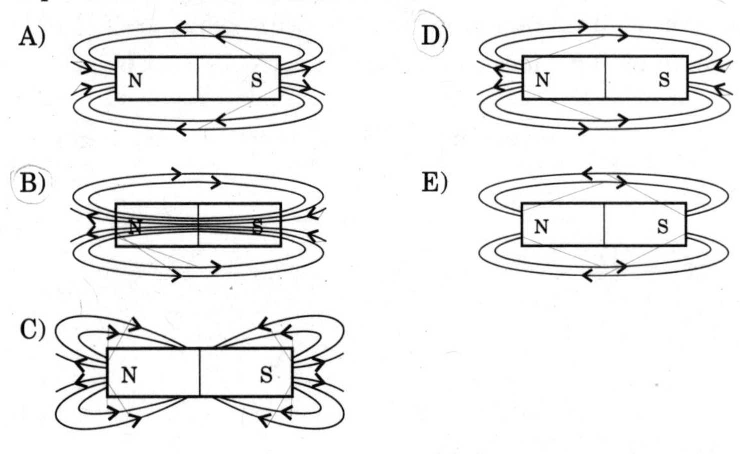

Solution

Conseil

> *Comme vous l'avez déjà remarqué dans les questions à choix multiples, il faut d'abord dégager tous les facteurs essentiels d'une notion, puis éliminer les réponses qui ne remplissent pas les conditions requises.*
>
> *Ces facteurs sont les suivants :*
>
> 1. *Les lignes sortent du pôle nord et entrent par le pôle sud.*
> 2. *Les lignes ne se coupent pas.*
> 3. *À l'intérieur d'un aimant, les lignes sont dirigées du pôle sud vers le pôle nord.*

Les figures A, C et E ne respectent pas le critère selon lequel à l'extérieur de l'aimant, les lignes sortent du pôle nord et entrent dans le pôle sud. Parmi les autres figures, seule la D représente le champ magnétique autour (à l'extérieur) d'un aimant.

Réponse :

D.

Problème 6

Représentez les lignes de champ magnétique dans les situations suivantes.

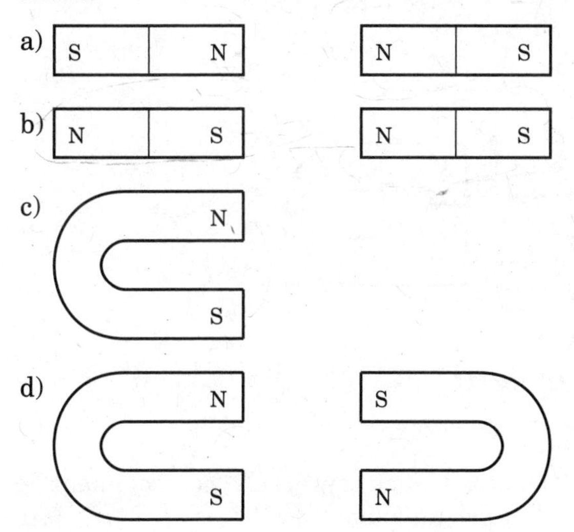

Solution

Attention

> *Il ne faut pas oublier que les lignes sortent du pôle nord et entrent dans le pôle sud.*

Au voisinage de deux pôles différents, les champs se complètent, et au voisinage de deux pôles semblables, les champs s'opposent.

Réponses :

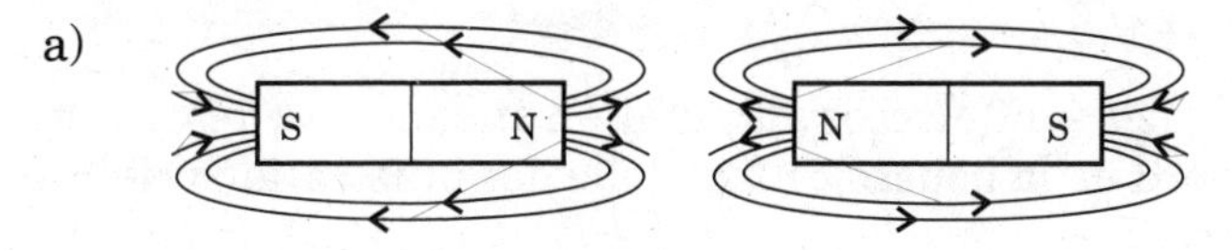

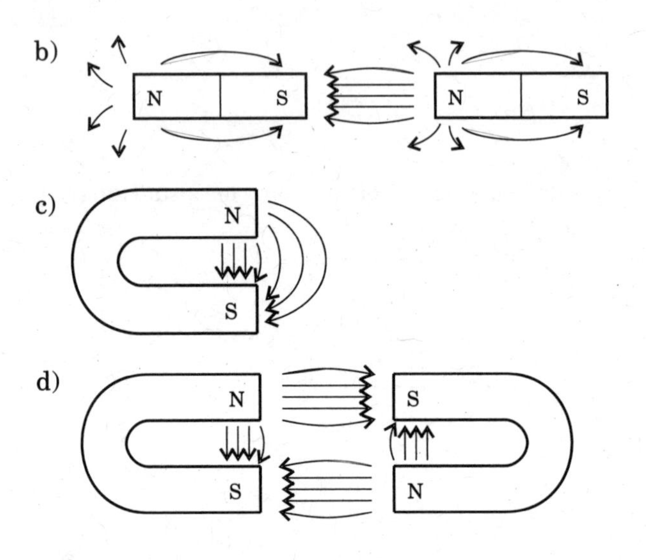

Pour travailler seul

Problème 7

Parmi les schémas suivants, lequel représente correctement le champ magnétique produit par un aimant droit ?

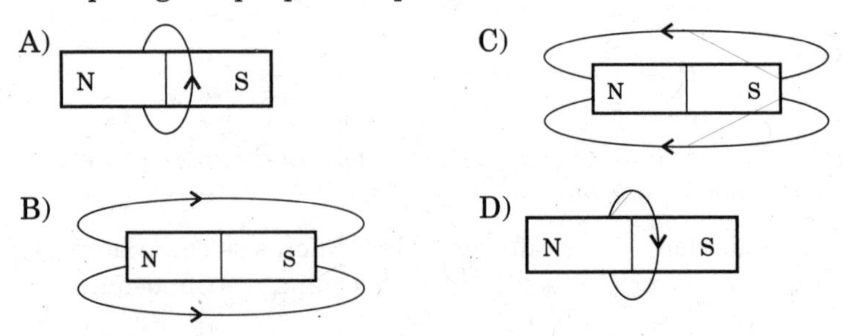

Problème 8

Quelques boussoles sont placées autour d'un aimant (le côté noir indique le pôle nord de la boussole). Laquelle des illustrations ci-dessous est correcte ?

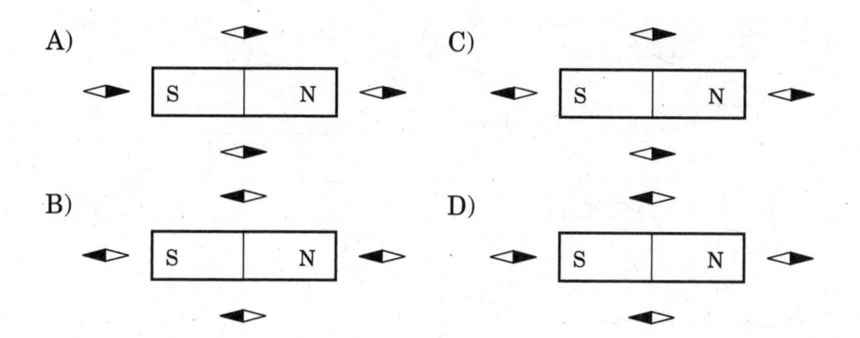

Problème 9

Vous approchez deux aimants l'un de l'autre.

Lequel des schémas ci-dessous illustre correctement les champs magnétiques engendrés par ces aimants ?

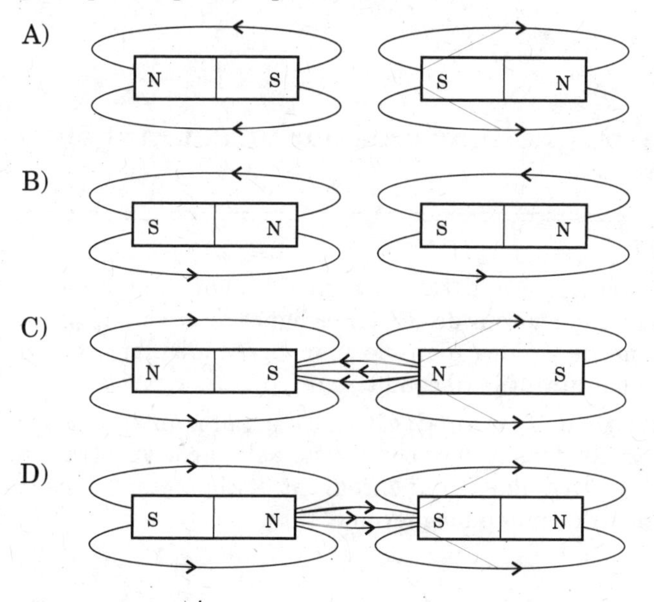

Problème 10

Sur les schémas ci-dessous, placez en chaque point indiqué l'aiguille d'une boussole.

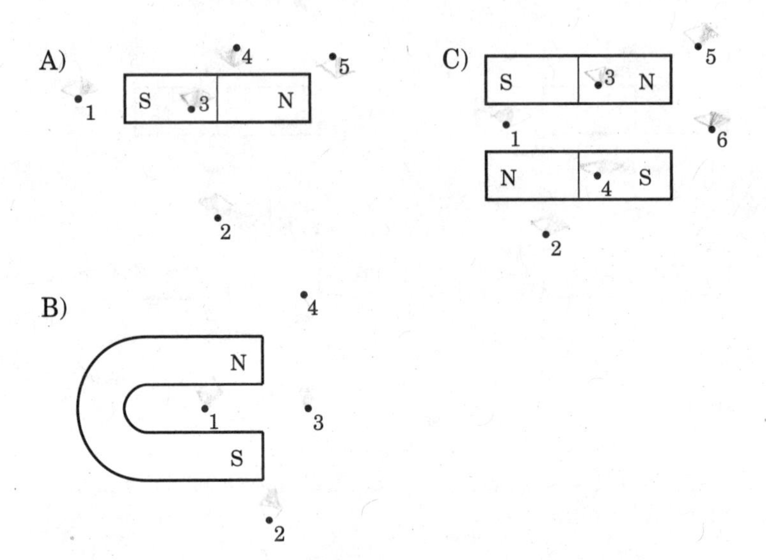

1.3 Champ magnétique créé par un courant électrique

L'ESSENTIEL

- Le courant électrique qui traverse un fil conducteur crée un champ magnétique autour de ce fil. Les lignes de ce champ prennent la forme de cercles (dans le plan perpendiculaire au fil conducteur) entourant le fil conducteur.
- **Première règle de la main droite** : Si l'on fait pointer le pouce de la main droite dans le sens conventionnel du courant traversant le fil, les autres doigts qui entourent le fil pointent dans le sens des lignes du champ magnétique. (*)

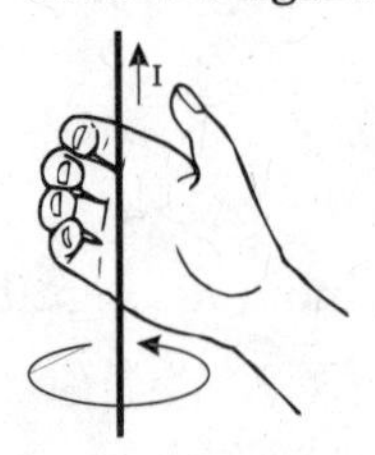

Attention

* *En électricité, on utilise toujours le sens conventionnel du courant électrique, c'est-à-dire de la borne positive à la borne négative de la source du courant continu.*

Pour s'entraîner

Problème 11

Représentez le schéma du champ magnétique autour de chacun des fils électriques parcourus par un courant électrique.

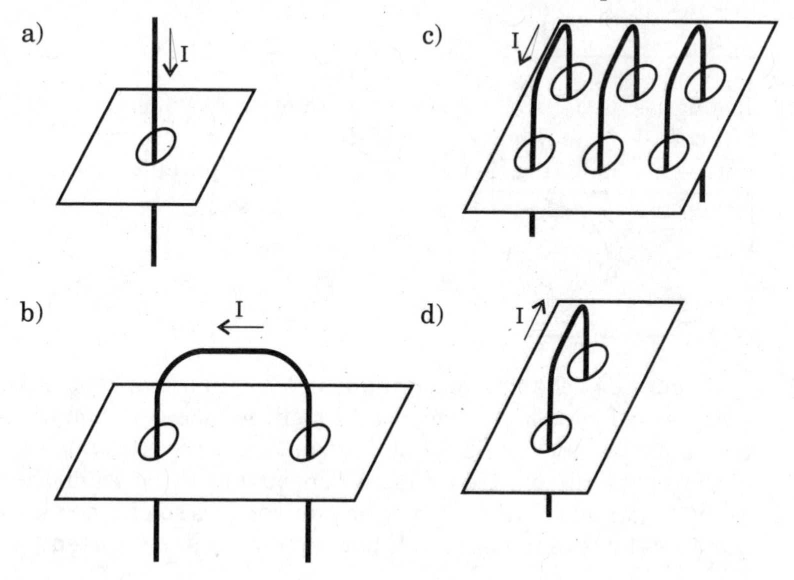

Solution et réponses :

Attention

* *Les symboles ⊗ et ⊙ sont utilisés pour représenter respectivement le courant qui entre dans la feuille perpendiculaire au fil conducteur et le courant qui en sort.*

Autour de ces symboles, on représente les lignes du champ magnétique à l'aide de cercles concentriques. On les oriente à l'aide de la première règle de la main droite.

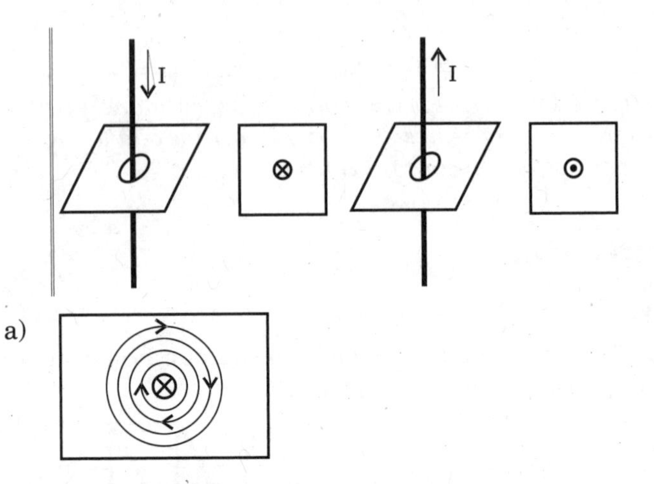

a)

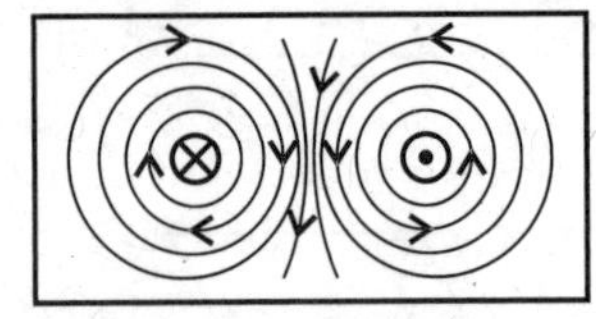

b) Les lignes de deux champs magnétiques créés par le courant qui sort de la feuille (le trou de droite) et par le courant qui entre dans la feuille (le trou de gauche) se séparent.

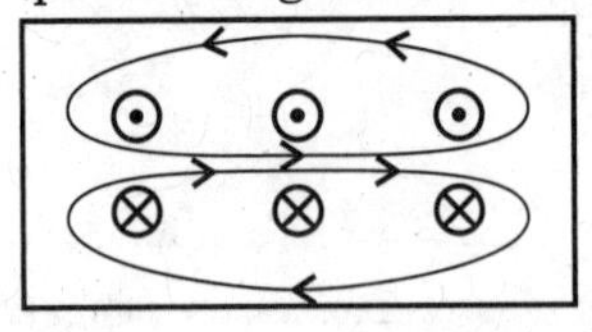

c) Les lignes des champs magnétiques créés par le courant qui traverse le fil conducteur formant un enroulement se complètent pour former des lignes qui entrent par une extrémité et sortent par l'autre extrémité de cet enroulement. La première règle de la main droite permet de trouver l'extrémité par laquelle les lignes entrent et celle par laquelle les lignes sortent.

d)

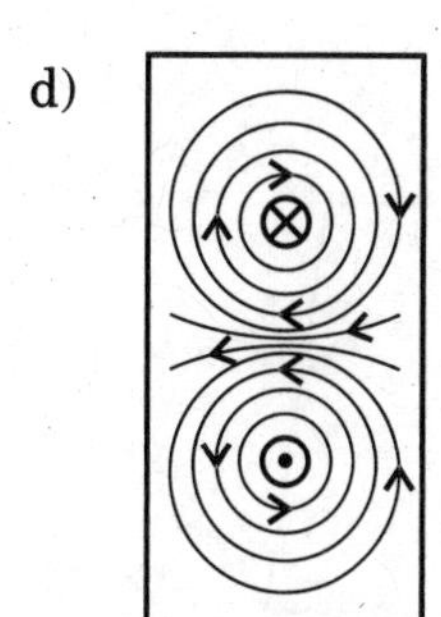

Pour travailler seul

Problème 12

Un fil de cuivre, dans lequel circule un courant électrique, traverse un carton. Le schéma ci-dessous illustre cette situation.

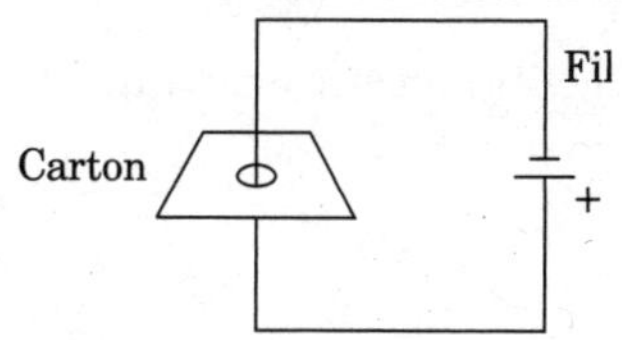

Vous placez une boussole tout près de l'endroit où le fil traverse le carton.

Laquelle des illustrations suivantes représente la direction que prendra l'aiguille de la boussole ?

A)

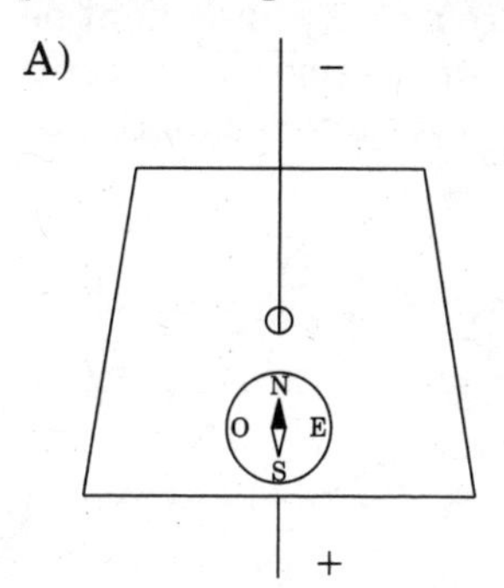

B)

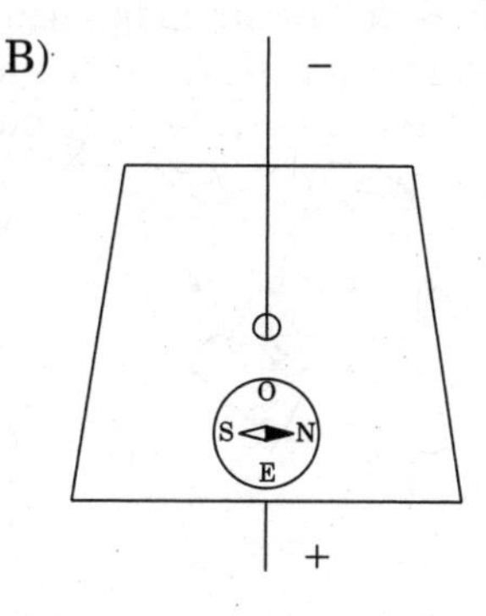

C)

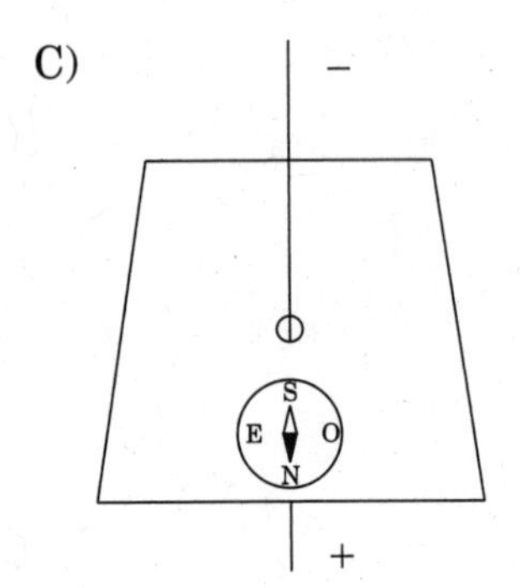

D)

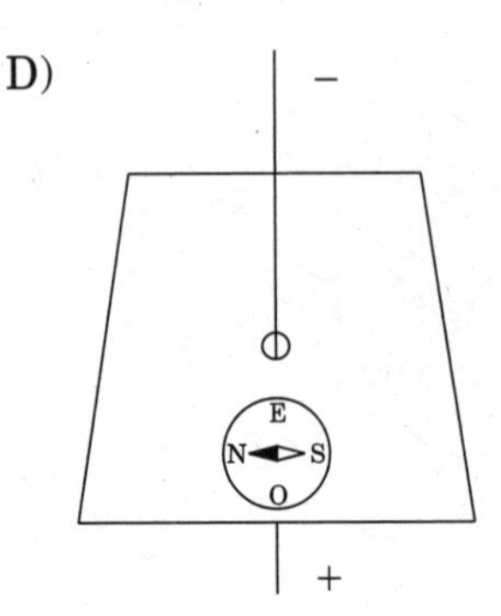

1.4 Solénoïde

L'ESSENTIEL

- Un **solénoïde** est un enroulement de fil conducteur isolé autour d'un cylindre.

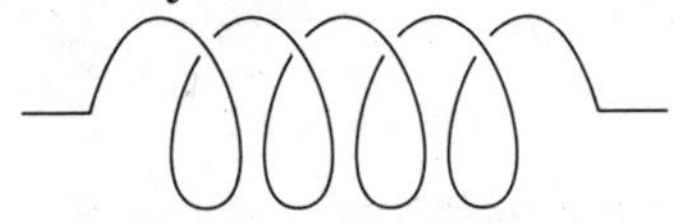

- Le courant qui traverse le fil enroulé crée un champ magnétique semblable à celui créé par un aimant.
- **Deuxième règle de la main droite** : Pour déterminer le sens des lignes du champ magnétique engendré par l'enroulement de fil, on pointe les doigts de la main droite dans le sens du courant. Le pouce indiquera alors le sens des lignes de champ magnétique.

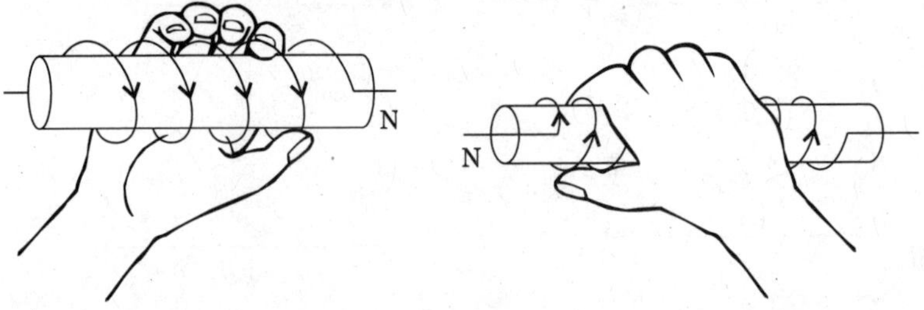

- L'intensité du champ magnétique d'un solénoïde est directement proportionnelle au nombre de boucles et à l'intensité du courant qui traverse le fil enroulé.

- Un solénoïde ayant pour noyau une tige d'une substance ferromagnétique est appelé **électroaimant**.
- L'aptitude d'une substance à se laisser traverser par un champ magnétique se nomme **perméabilité magnétique**.
- Le type de noyau utilisé influe sur l'intensité du champ magnétique.

Pour s'entraîner

Problème 13

Une boussole est placée dans l'entourage d'un solénoïde parcouru par un courant électrique. Dans quelles situations l'aiguille de la boussole est-elle correctement dirigée ?

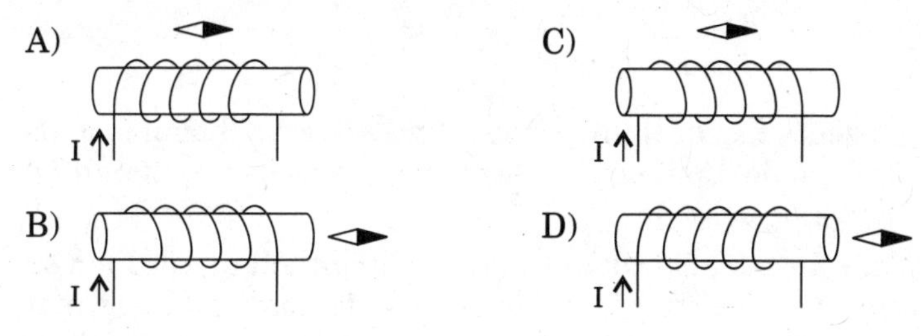

Solution

Lorsqu'un courant électrique parcourt un solénoïde, ce dernier se comporte comme un aimant dont le pôle nord correspond à l'extrémité par lequel sortent les lignes du champ magnétique. Le pôle nord de la boussole (partie foncée) est attiré par le pôle sud du solénoïde.

Réponse :

A et B.

Problème 14

Vous approchez un aimant droit d'un solénoïde traversé par un courant électrique.

Dans laquelle des situations suivantes y aura-t-il une répulsion ?

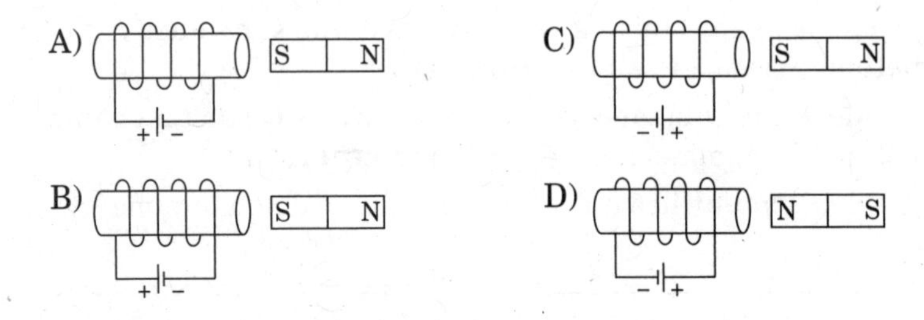

Solution

À l'aide de la règle de la main droite, vous pouvez déterminer les pôles du solénoïde dans chaque situation. Dans la situation où on approche les pôles semblables, il y aura répulsion.

Réponse :

A.

Problème 15

Il existe plusieurs façons d'influer sur l'intensité du champ magnétique d'un solénoïde. Complétez le texte ci-dessous par les mots *augmente* ou *diminue*, selon le cas.

Lorsque, dans un solénoïde dont le noyau ne contient que de l'air, on insère un noyau constitué d'une substance ferromagnétique (par exemple, du fer doux), l'intensité du champ magnétique _____________. Lorsque le nombre de spires d'un solénoïde _____________, l'intensité du champ magnétique augmente. Lorsque l'intensité du courant électrique parcourant un solénoïde diminue, le champ magnétique ___________ d'intensité.

Solution

L'intensité du champ magnétique est directement proportionnelle à la longueur du fil conducteur (nombre de spires) et à l'intensité du courant électrique qui traverse le fil conducteur. Le type de noyau utilisé influe également sur l'intensité du champ magnétique.

Réponse :

Lorsque, dans un solénoïde dont le noyau ne contient que de l'air, on insère un noyau constitué d'une substance ferromagnétique (par exemple, du fer doux), l'intensité du champ magnétique **augmente**. Lorsque le nombre de spires d'un solénoïde **augmente**, l'intensité du champ magnétique augmente. Lorsque l'intensité du courant électrique parcourant un solénoïde diminue, le champ magnétique **diminue** d'intensité.

Problème 16

Les schémas ci-dessous illustrent des électroaimants tous constitués d'un même noyau. L'un de ces électroaimants produit cependant un champ magnétique plus intense que celui des autres.

Quel est cet électroaimant ?

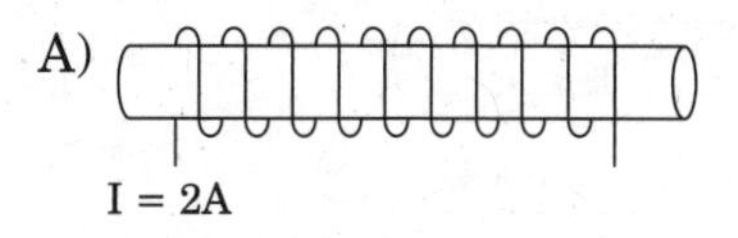

C)

I = 5A

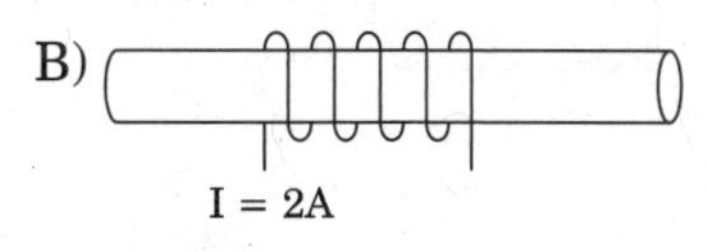

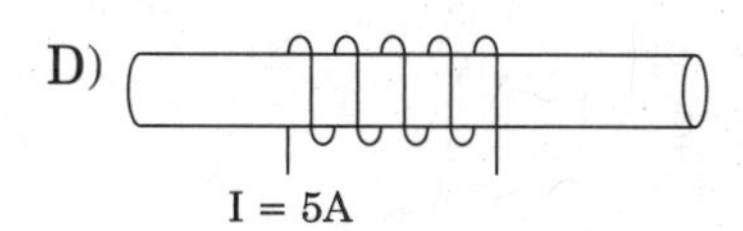

Solution

L'intensité du champ magnétique étant directement proportionnelle au nombre de spires, on élimine les électroaimants en B et en D. De plus, étant donné qu'elle est directement proportionnelle à l'intensité du courant qui le traverse, on élimine aussi l'électro-aimant en A.

Réponse :

C.

Pour travailler seul

Problème 17

Deux électroaimants sont placés bout à bout.

Dans laquelle des situations illustrées ci-dessous les électroaimants s'attirent-ils ?

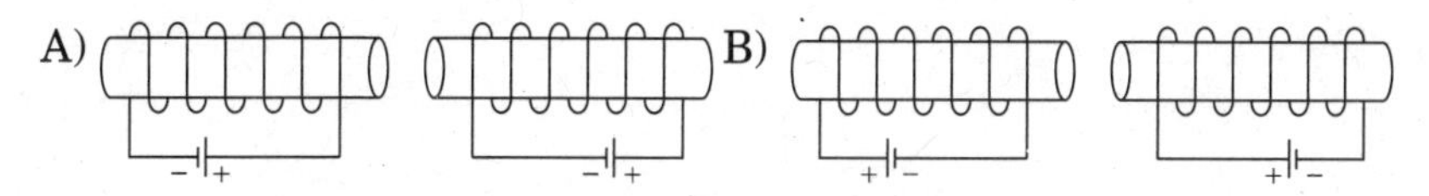

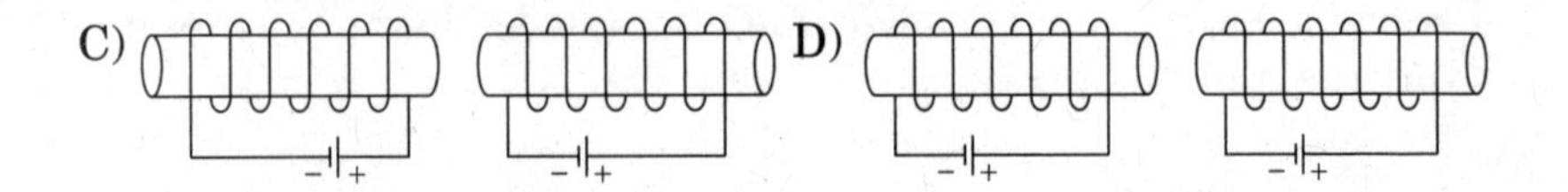

Problème 18

Parmi les électroaimants suivants, lequel produit le champ magnétique le plus faible ?

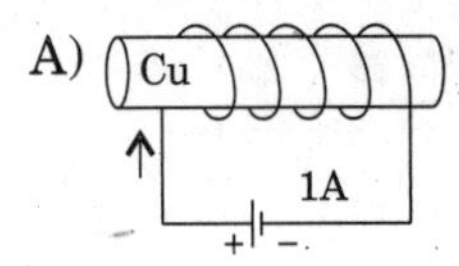

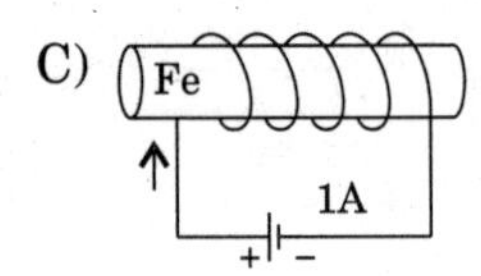

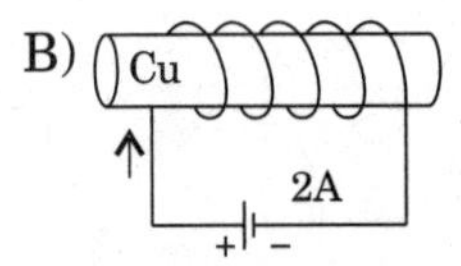

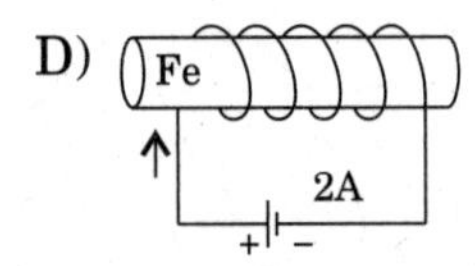

Problème 19

D'après les informations données sur chacun des schémas, indiquez le sens du courant dans le solénoïde.

a)

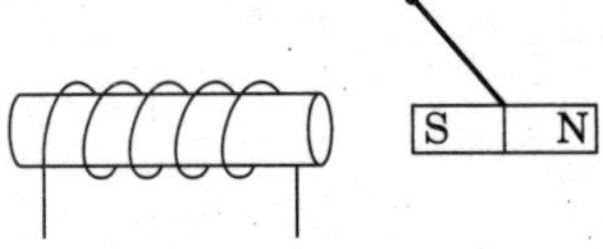

c)

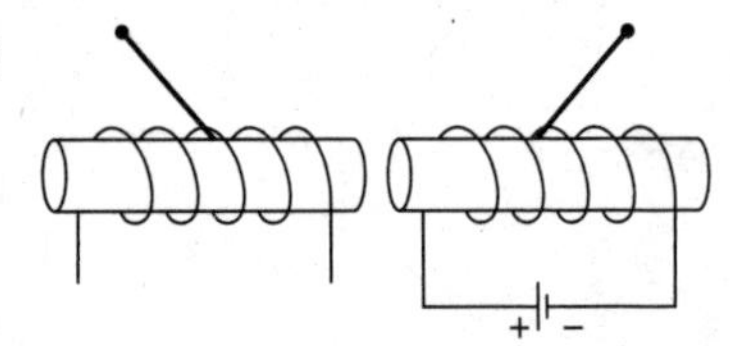

b)

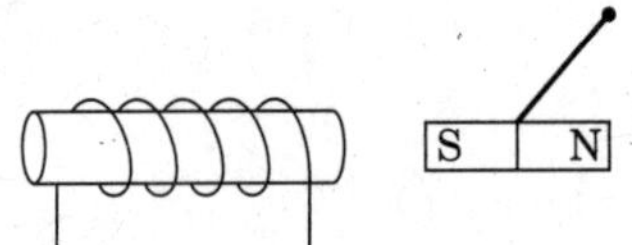

d)

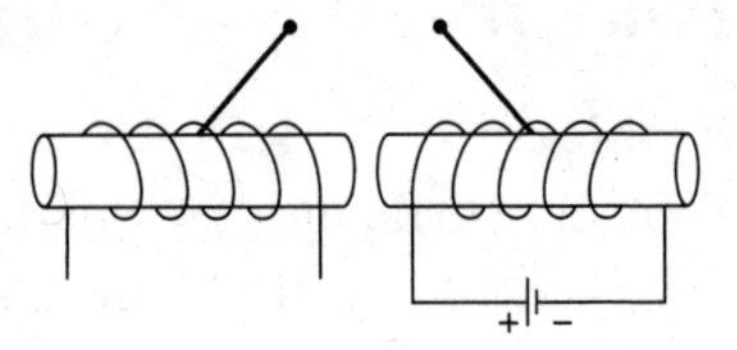

Problème 20

Lequel des solénoïdes représentés ci-dessous est capable de soulever la plus grande masse ? Justifiez votre réponse.

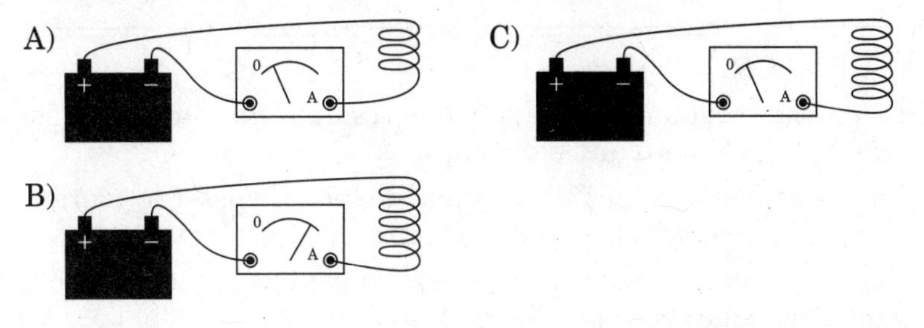

Problème 21

On vous remet un électroaimant. Vous constatez que le champ magnétique de cet électroaimant n'est pas assez puissant.

Quel changement permettrait d'augmenter la force de son champ magnétique ?

A) Remplacer le noyau de fer doux par un noyau d'aluminium.

B) Augmenter l'intensité du courant.

C) Diminuer le nombre de spires.

D) Augmenter la température.

2 - LES CIRCUITS ÉLECTRIQUES

2.1 Courant électrique, conducteurs et isolants

L'ESSENTIEL

- Le passage ordonné des électrons libres dans une substance solide est appelé **courant électrique**.
- Les substances qui ont la propriété de laisser passer le courant électrique sont appelées **conducteurs**.
- Les substances qui ont la propriété de ne pas laisser passer le courant électrique sont appelées **isolants**.
- La **conductibilité** d'un corps est son aptitude à conduire le courant électrique, la **conductivité** est une propriété caractéristique d'une substance reliée à sa structure. (*)
- La conductibilité d'un élément de circuit dépend de sa **température**, de sa **nature** (conductivité), de son **diamètre** et de sa **longueur**.

Attention

* *Il faut bien distinguer les trois notions. La **conductivité** est la propriété caractéristique d'une substance, la **conductibilité** est la propriété d'un objet à conduire le courant, et la **conductance** est la mesure de la conductibilité d'un élément du circuit électrique.*

Pour s'entraîner

Problème 22

Dans le tableau ci-dessous, certaines substances sont mal placées. Corrigez les erreurs.

Bon conducteur	Mauvais conducteur	Isolant
Fer	Cuir	Porcelaine
Plastique	Verre	Quartz
Plomb	Caoutchouc	Ébonite
Cuivre	Bois humide	Nichrome
Tungstène		

Solution

Attention

Dans certains cas, on peut avoir un peu de difficulté à classer les substances selon leur aptitude à conduire l'électricité. Il n'y a pas de démarcation nette entre les conducteurs et les isolants.

En général, on trouve les meilleurs conducteurs parmi les métaux. On les utilise dans la fabrication de fils conducteurs. Certains alliages, le nichrome par exemple, sont de mauvais conducteurs, on les utilise dans la fabrication d'éléments chauffants. Les substances ayant une structure moléculaire sont en général de bons isolants.

Réponse :

Bon conducteur	Mauvais conducteur	Isolant
Fer	Bois humide	Porcelaine
Plomb	Nichrome	Quartz
Cuivre		Ébonite
Tungstène		Plastique
		Verre
		Cuir
		Caoutchouc

Problème 23

Quel graphique représente le mieux la variation de la conductibilité d'un conducteur électrique en fonction de :

a) l'aire de sa section ?

b) sa longueur ?

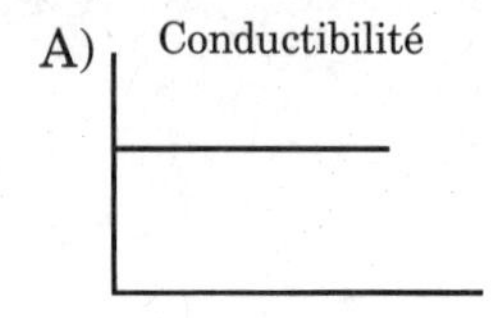

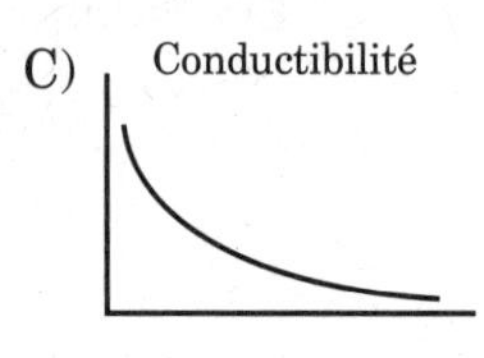

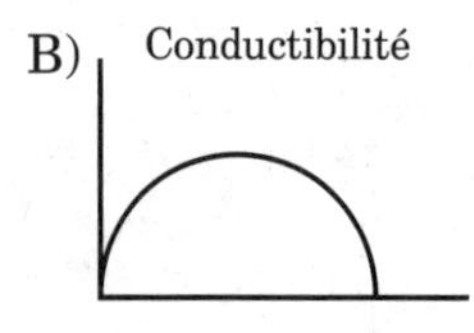

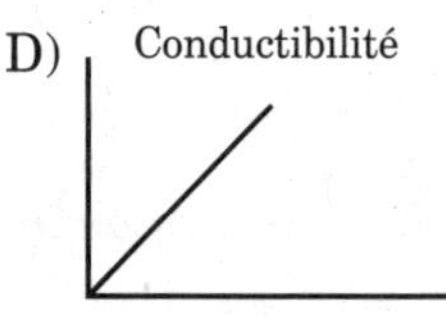

Conseil

Il faut se rappeler les notions de proportionnalité directe, représentée par une droite passant par l'origine, et de proportionnalité inverse, représentée par une hyperbole.

Solution

Les dimensions (longueur et diamètre) d'un conducteur ont une influence sur le passage des électrons. Si le conducteur est long, les électrons auront un long trajet à parcourir et, du même coup, la conductibilité sera diminuée (proportionnalité inverse). En revanche, si le diamètre d'un conducteur est grand, les électrons traverseront ce conducteur plus facilement et la conductibilité en sera augmentée (proportionnalité directe).

Réponses :

a) D. b) C.

Pour travailler seul

Problème 24

Laquelle des substances suivantes conduit le mieux l'électricité ?

A) Le cuivre. B) L'eau. C) Le nichrome. D) Le plastique.

Problème 25

Le fil d'alimentation de votre radio est recouvert d'une enveloppe de caoutchouc.

Parmi les propriétés suivantes, laquelle justifie le mieux l'utilisation du caoutchouc ?

A) Sa capacité d'isoler.
B) Sa légèreté.
C) Sa malléabilité.
D) Sa résistance à la corrosion.

Problème 26

Voici une liste de matériaux :

aluminium, cuivre, caoutchouc, porcelaine, tungstène, nichrome, plastique.

Dans cette liste, choisissez le matériau qui convient pour les usages suivants :

a) La production d'un fil conducteur.
b) Envelopper un fil conducteur.
c) Supporter les fils électriques sur les poteaux.
d) La production des filaments des ampoules.

Problème 27

Le schéma ci-dessous représente les parties principales d'une ampoule à incandescence.

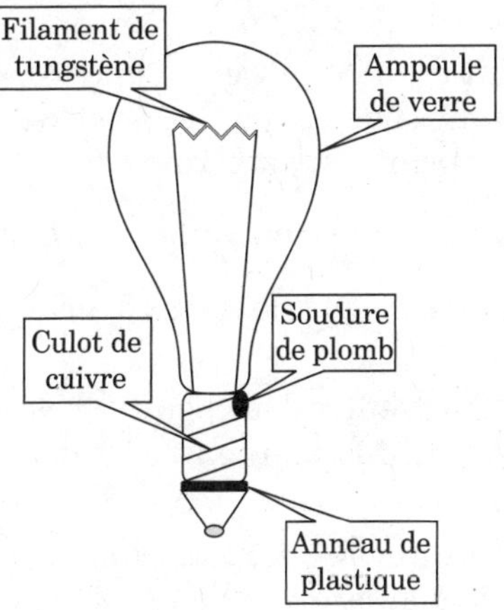

Parmi les substances utilisées pour la fabrication de l'ampoule, lesquelles sont des isolants ?

A) Le cuivre et le plomb.
B) Le plastique et le plomb.
C) Le plastique et le verre.
D) Le verre et le tungstène.

Problème 28

Le tableau suivant présente les caractéristiques de quatre conducteurs électriques F_1, F_2, F_3 et F_4.

Conducteur	**Longueur**	**Diamètre**	**Température**
F_1	1 m	2 mm	–20 °C
F_2	3 m	2 mm	50 °C
F_3	1 m	1 mm	50 °C
F_4	3 m	1 mm	–20 °C

Lequel de ces conducteurs possède la meilleure conductibilité électrique ?

2.2 Ampèremètre et voltmètre

L'ESSENTIEL

- L'**intensité** du courant en un point d'un circuit électrique correspond au débit de charges électriques portées par les électrons en ce point en une seconde. Elle s'exprime en ampères (A).

  $I = \frac{Q}{t}$ où I est l'intensité du courant exprimée en ampères, Q, la quantité de charges exprimée en coulombs, et t, le temps exprimé en secondes.
- La **différence de potentiel** du courant entre deux points du circuit correspond à la différence de niveau d'énergie entre ces deux points. Elle s'exprime en volts (V).
- L'**ampèremètre** sert à mesurer l'intensité du courant électrique. On l'insère dans le circuit de manière que l'ensemble du circuit constitue une boucle. Il est symbolisé par Ⓐ.

- Le **voltmètre** sert à mesurer la différence de potentiel aux bornes d'un élément du circuit (la tension, dans le cas d'un résistor, ou la force électromotrice, dans le cas d'une source). On l'insère de manière qu'il occupe sa propre boucle, dont les extrémités sont reliées à deux points à l'intérieur du circuit. Il est symbolisé par Ⓥ.

Pour s'entraîner

Problème 29

Sur quel schéma, l'ampèremètre et le voltmètre sont-ils branchés correctement ?

A)

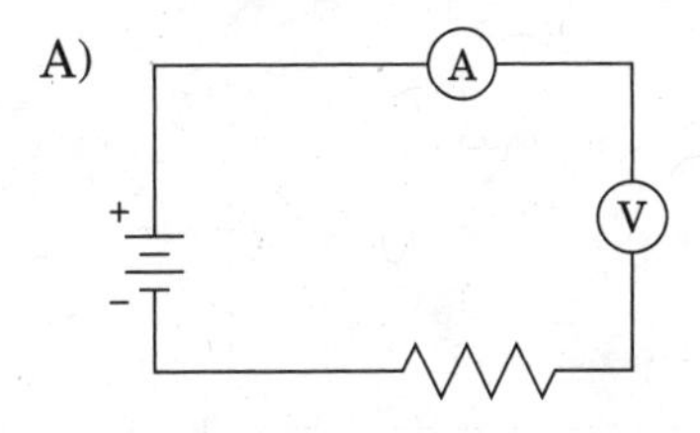

C)

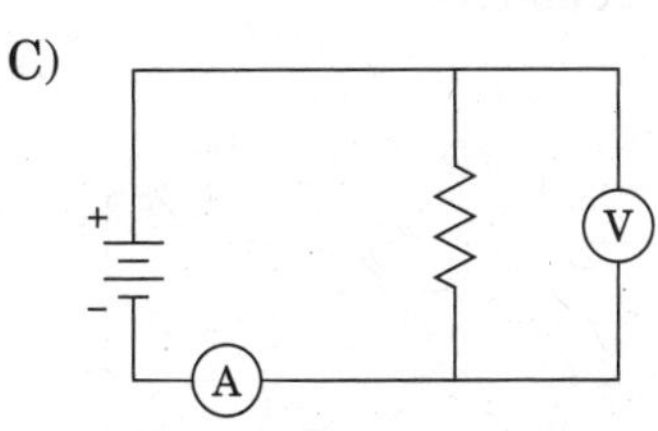

B)

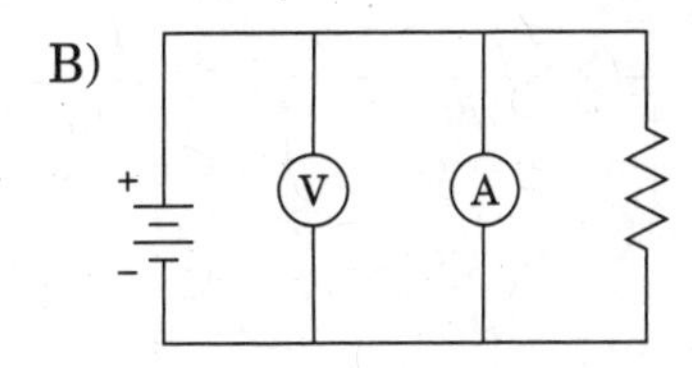

D)

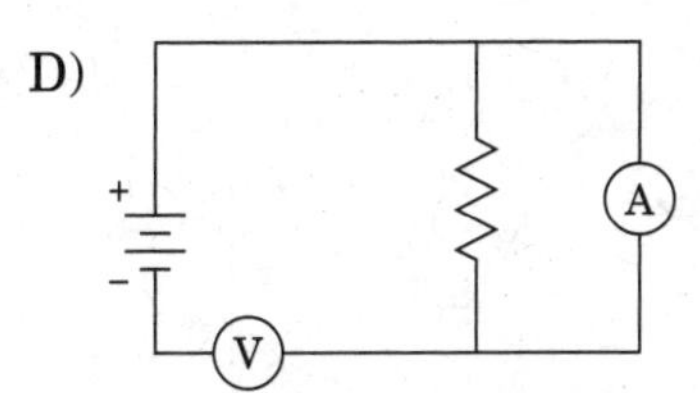

Solution

L'ampèremètre doit être branché en série pour mesurer le débit d'électrons qui traversent la branche choisie. Le voltmètre doit être placé en parallèle aux bornes d'un élément dont la différence de potentiel doit être mesurée.

Réponse :

C.

Problème 30

Vous disposez du circuit électrique illustré ci-dessous.

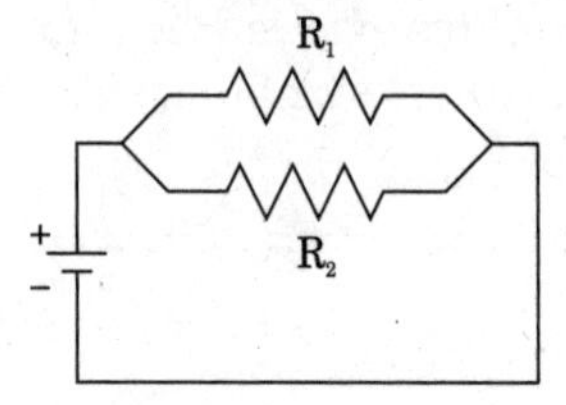

Vous devez y placer un ampèremètre Ⓐ de façon à pouvoir mesurer l'intensité du courant, I, traversant le résistor R_1.

Laquelle des illustrations montre l'endroit où vous devez placer l'ampèremètre ?

A)

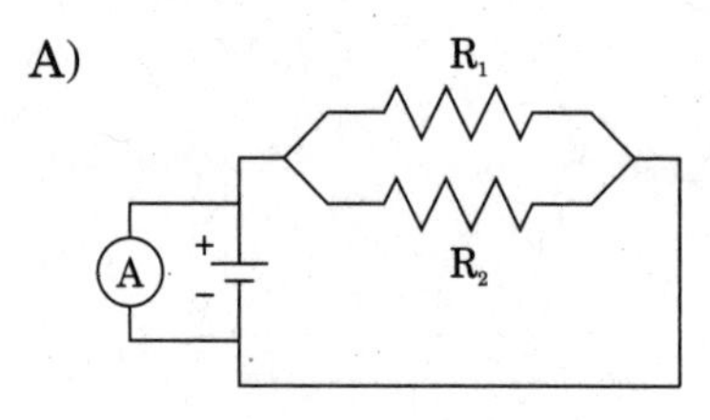

C)

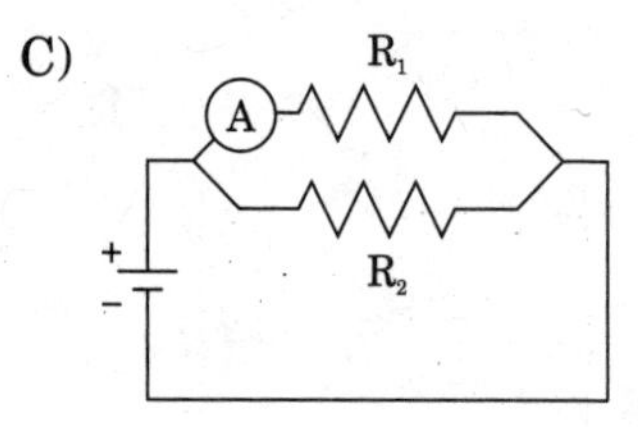

B)

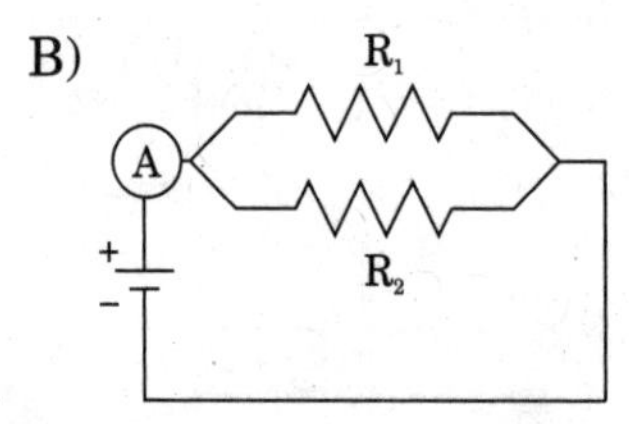

D)

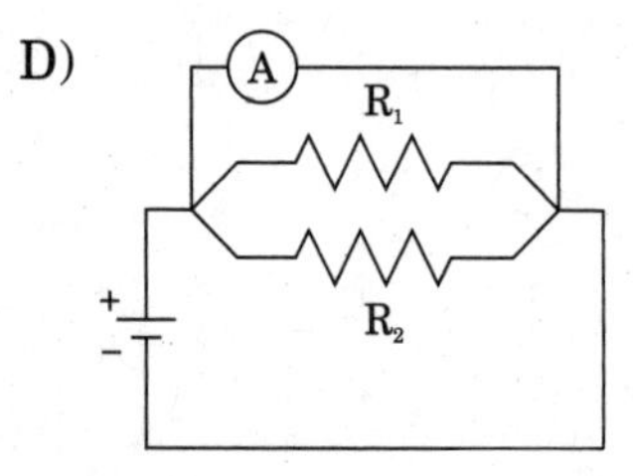

Solution

L'ampèremètre doit être parcouru par le même courant que le résistor, il devrait donc être branché en série avant ou après le résistor dont l'intensité est mesurée.

Réponse :

C.

Problème 31

Un circuit électrique est composé d'une pile et de deux résistors R_1 et R_2.

Vous devez mesurer, à l'aide d'un voltmètre Ⓥ, la différence de potentiel aux bornes du résistor R_2.

Dans quel schéma ci-dessous le voltmètre est-il correctement branché ?

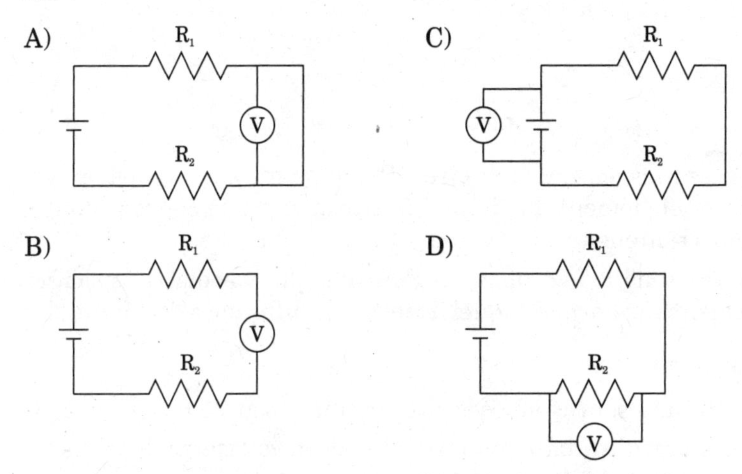

Solution

Le voltmètre doit être branché en parallèle (la réponse en B est donc à rejeter) aux bornes du résistor R_2. Le voltmètre en A est branché aux bornes de trois éléments, celui en C est branché aux bornes de la source. Seul celui en D est branché aux bornes du résistor R_2.

Réponse :

D.

Pour travailler seul

Problème 32

Dans le circuit ci-dessous, on a branché huit appareils pour faire différentes lectures : soit la différence de potentiel aux bornes d'un élément, soit l'intensité du courant qui traverse un élément de ce circuit.

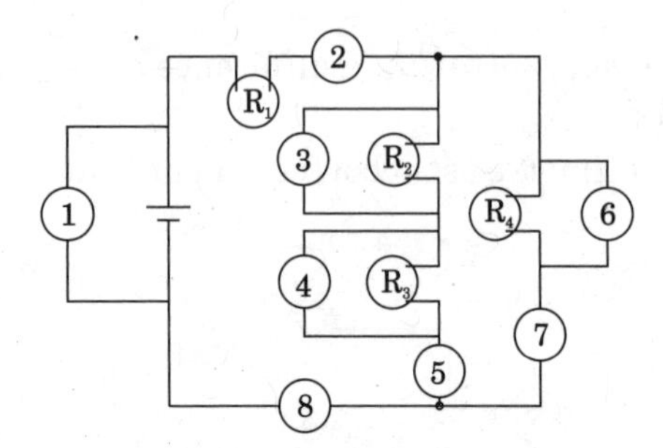

a) Repérez tous les ampèremètres. Pour chaque ampèremètre, spécifiez quel élément du circuit est traversé par le courant dont il mesure l'intensité.

b) Repérez tous les voltmètres. Pour chaque voltmètre, spécifiez l'élément aux bornes duquel il mesure la différence de potentiel.

Problème 33

Quatre circuits sont composés chacun d'une source de courant, de deux résistors, d'un ampèremètre Ⓐ et d'un voltmètre Ⓥ. Vous désirez mesurer la différence de potentiel aux bornes de la source et l'intensité totale du courant circulant dans le circuit.

Dans lequel des circuits ci-dessous le voltmètre et l'ampèremètre sont-ils correctement branchés ?

A)
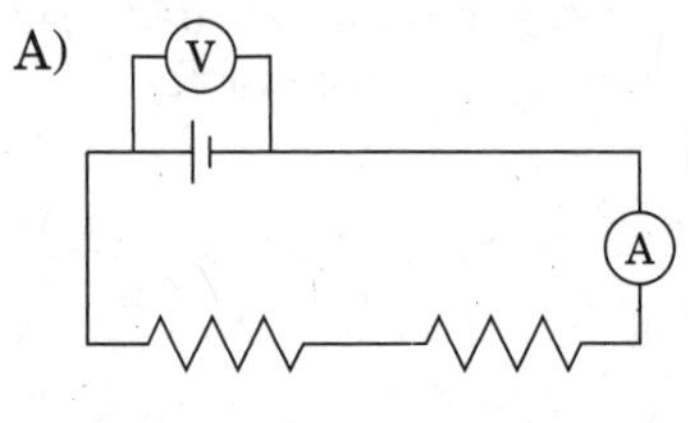

C)
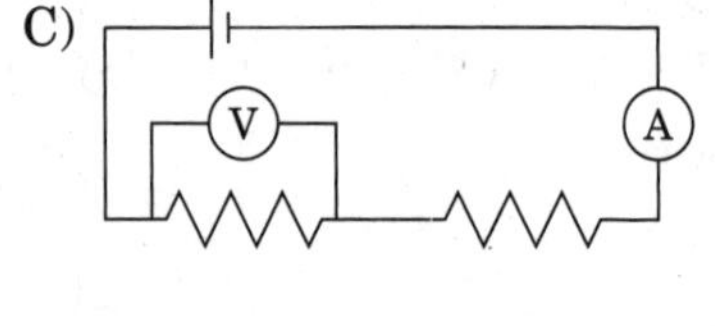

B)
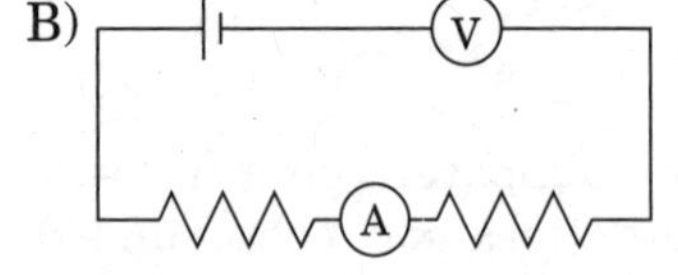

D)
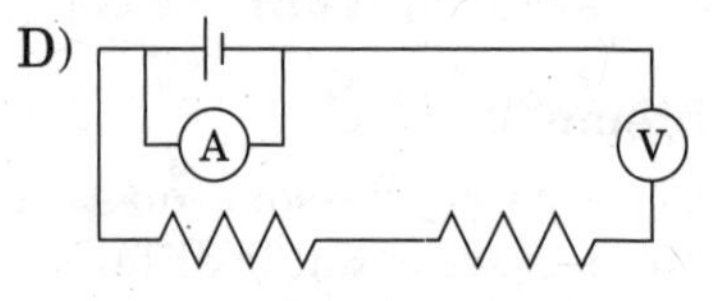

2.3 Conductance et résistance d'un résistor

L'ESSENTIEL

- L'intensité du courant (I) qui traverse un résistor est directement proportionnelle à la tension (U) aux bornes de ce résistor. Le coefficient de proportionnalité se nomme **conductance (G)**.

  $I = G \times U$
- La conductance d'un résistor représente la facilité avec laquelle il laisse passer des charges. Elle est mesurée en **siemens (S)**.
- La **résistance (R)**, d'un résistor est l'inverse de sa conductance.

  $R = \frac{1}{G}$
- La résistance d'un résistor représente la **difficulté** des charges à le traverser. Elle est mesurée en **ohms (Ω)**.
- **La loi d'Ohm**

  La tension (U) à laquelle est soumis un résistor est directement proportionnelle à l'intensité du courant (I) qui le traverse.

  $U = R \times I$

Pour s'entraîner

Problème 34

Au laboratoire, les mesures effectuées au cours d'une expérience ont permis de tracer les graphiques suivants.

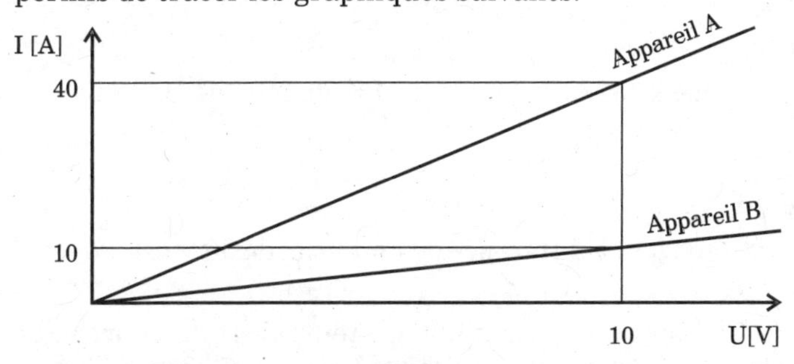

a) Quel résistor possède la plus grande conductance ? Vérifiez votre réponse en calculant les deux conductances.

b) Quel résistor possède la plus grande résistance ?

Solution

Conseil

Référez-vous à la notion de pente d'une droite.

Rappel

La formule pour calculer la pente d'une droite est :

$m = \frac{y_2 - y_1}{x_2 - x_1}$ *, où* **x** *et* **y** *sont respectivement la variable indépendante et la variable dépendante.*

a) Par définition, la conductance (G) est le coefficient de proportionnalité de la relation entre l'intensité (I) du courant qui traverse le résistor et la tension (U) à laquelle il est soumis.

$I = G \times U$

Ce coefficient correspond à la pente de la droite qui représente cette relation. La pente augmente avec l'angle d'inclinaison. La conductance du résistor A est donc plus grande que celle du résistor B. En effet, les deux valeurs sont respectivement :

$$G_A = \frac{I_2 - I_1}{U_2 - U_1} = \frac{40\,A - 0\,A}{10\,V - 0\,V} = 4\ S \text{ et}$$

$$G_B = \frac{I_2 - I_1}{U_2 - U_1} = \frac{10\,A - 0\,A}{10\,V - 0\,V} = 1\ S$$

b) La résistance étant l'inverse de la conductance, celle du résistor B est alors plus grande.

Réponses :

a) Résistor A

La conductance du résistor A est de 4 S, et celle de B, de 1 S.

b) Résistor B

Problème 35

Un résistor soumis à une différence de potentiel de 30 V est traversé par un courant de 2 A.

a) Tracez le graphique représentant l'intensité (I) du courant en fonction de la différence de potentiel (U).

b) À quelle tension le résistor devrait-il être soumis pour être traversé par un courant dont l'intensité doublerait ?

c) À quelle tension le résistor devrait-il être soumis pour être traversé par un courant dont l'intensité diminuerait de moitié ?

d) Quelle serait l'intensité du courant dans ce résistor si la différence de potentiel augmentait à 50 V ?

Solutions

a) La formule $I = G \times U$ décrit la relation de proportionnalité directe entre l'intensité et la différence de potentiel. C'est une relation linéaire qui est représentée par une droite passant par l'origine. Pour tracer la droite, il suffit d'avoir un seul point, autre que l'origine. Ici, nous avons I = 2 A si U = 30 V.

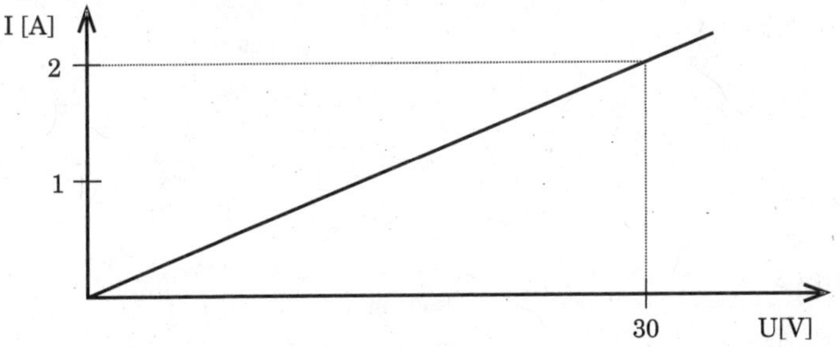

b) La relation entre la différence de potentiel et l'intensité du courant est une proportionnalité directe. La tension devrait donc doubler, étant donné que l'intensité doublerait. Nous avons donc :

$2 \times 30 \text{ V} = 60 \text{ V}$

Conseil

> *On peut aussi chercher les valeurs de I ou de U en se référant au graphique qui représente cette relation. Cependant, l'exactitude de la lecture dépend de la précision de ce dernier.*

c) La tension devrait diminuer de moitié. Nous avons alors :

$\frac{1}{2} \times 30 \text{V} = 15 \text{ V}$

d) Le rapport entre les deux tensions étant $\frac{50 \text{ V}}{30 \text{ V}} = \frac{5}{3}$, l'intensité du courant augmenterait selon le même rapport. Nous avons donc :

$\frac{5}{2} \times 2 \text{A} \approx 3{,}3 \text{ A}$

Réponses :

a) Voir le graphique. b) 60 V. c) 15 V. d) 3,3 A.

Problème 36

Après avoir fait une expérience au laboratoire, un élève a présenté ses résultats sous la forme de schémas.

a)

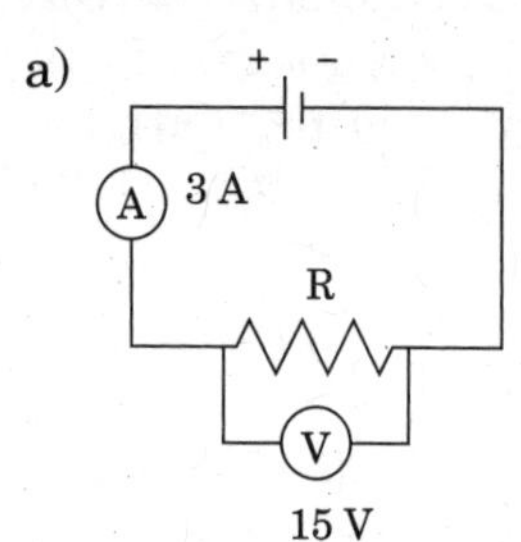

c)

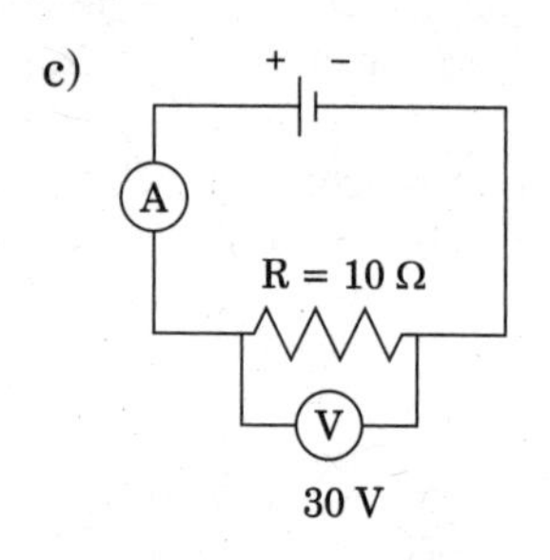

b)

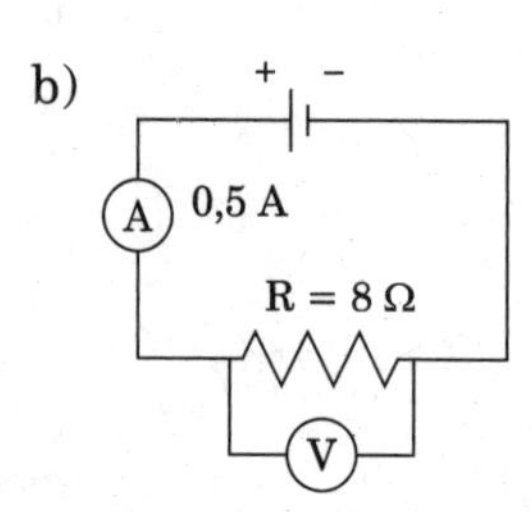

Dans chaque schéma, l'élève a oublié de noter une mesure. Trouvez la mesure manquante.

Solutions

On applique la loi d'Ohm pour trouver la mesure qui manque.

a) Données : $U = 15\ V$ Ce que l'on cherche : R

$I = 3\ A$ Formule : $U = R \times I$

Calcul :

$$U = R \times I \Rightarrow R = \frac{U}{I} = \frac{15\ V}{3\ A} = 5\ \Omega$$

b) Données : $I = 0{,}5\ A$ Ce que l'on cherche : U

$R = 8\ \Omega$ Formule : $U = R \times I$

Calcul :

$$U = R \times I = 8\ \Omega \times 0{,}5\ A = 4\ V$$

c) Données : U = 30 V Ce que l'on cherche : I

R = 10 Ω Formule : U = R × I

Calcul :

$$U = R \times I \Rightarrow R = \frac{U}{I} = \frac{30\,V}{10\,\Omega} = 3\ A$$

Réponses :

a) 5 Ω. b) 4 V. c) 3 A.

Pour travailler seul

Problème 37

Un circuit est composé d'une source dont la différence de potentiel peut varier de 1 V à 40 V, d'un résistor R, d'un ampèremètre Ⓐ et d'un voltmètre Ⓥ. Est-il possible de lire sur les deux appareils les valeurs présentées dans le tableau ci-dessous ? Justifiez votre réponse.

U	3 V	9 V	12 V	16 V	32 V
I	1 A	3 A	4 A	5 A	16 A

Problème 38

Le graphique ci-dessous illustre la variation de l'intensité du courant, I, en fonction de la différence de potentiel, U, appliquée aux bornes d'un résistor.

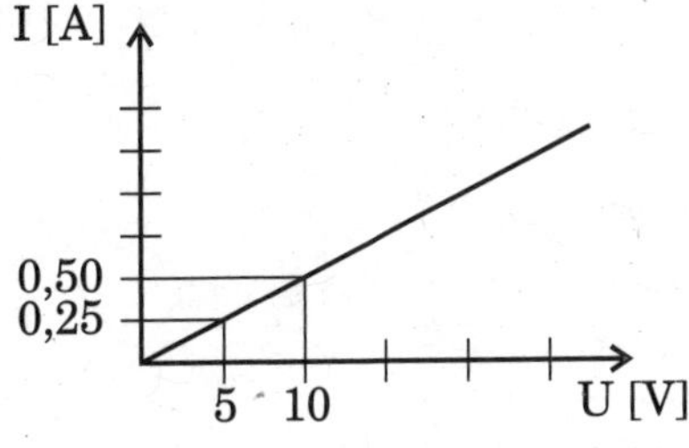

D'après ce graphique, quelle est la conductance, G, du résistor ?

A) 0,05 S. B) 1,25 S. C) 5 S. D) 20 S.

Problème 39

Le tableau ci-dessous présente des mesures prises sur quatre résistors différents.

Résistor	Différence de potentiel	Intensité du courant électrique
1	10 V	10 A
2	10 V	1 A
3	1 V	10 A
4	4 V	2 A

Parmi ces résistors, lequel possède la plus grande résistance ?

2.4 Circuits en série, circuits en parallèle et circuits équivalents

L'ESSENTIEL

- Un circuit qui n'offre qu'un seul trajet pour le parcours du courant est dit **en série**.

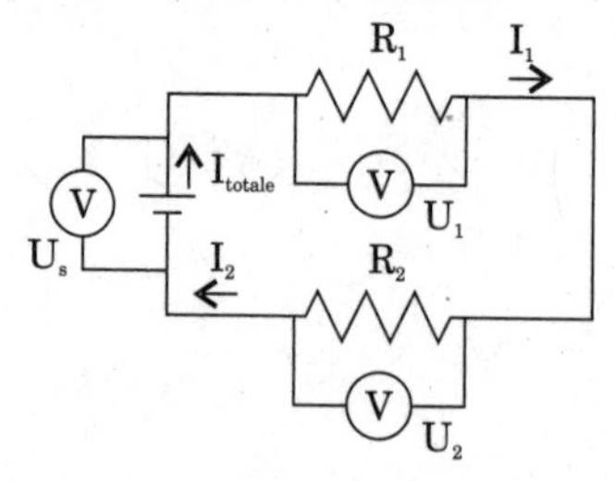

Dans le circuit en série :

- l'intensité du courant est la même à tous les points du circuit;

  $I_{totale} = I_1 = I_2 = ...$

- la différence de potentiel aux bornes de la source est égale à la somme des tensions aux bornes des éléments du circuit (**loi de Kirchhoff sur les tensions**);

$U_s = U_1 + U_2 + ...$

- la **résistance équivalente** est égale à la somme des résistances des éléments du circuit.

  $R_{éq} = R_1 + R_2 + ...$

- Un circuit où le courant se divise et, après avoir traversé deux résistors sur deux branches indépendantes, se réunit à nouveau en un noeud se nomme **circuit en parallèle**.

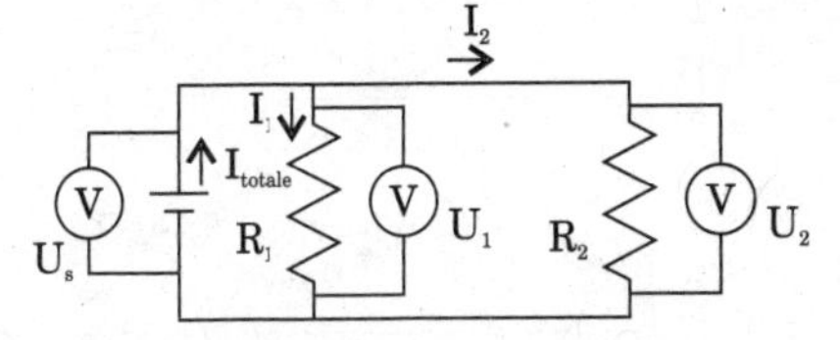

Dans un circuit en parallèle :

- l'intensité du courant dans le circuit principal est égale à la somme des intensités des courants dans les branches (**loi de Kirchhoff sur le courant**);

  $I_{totale} = I_1 + I_2 + ...$

- la différence de potentiel aux bornes de la source est égale à la tension aux bornes de chaque élément du circuit;

  $U_s = U_1 = U_2 = ...$

- l'inverse de la résistance équivalente est égal à la somme des inverses des résistances de chaque élément du circuit.

  $$\frac{1}{R_{éq}} = \frac{1}{R_1} + \frac{1}{R_2} + \ldots$$

- Un circuit qui comprend aussi bien des éléments branchés en série que des éléments branchés en parallèle se nomme **circuit mixte**.
- Deux circuits alimentés par deux sources de même force électromotrice sont **équivalents** lorsqu'ils sont parcourus par des courants de même intensité.

Pour s'entraîner

Problème 40

On vous remet quatre circuits électriques comportant une source de courant et des résistors de différentes valeurs.

Quel est le circuit dont la résistance équivalente est la plus faible ?

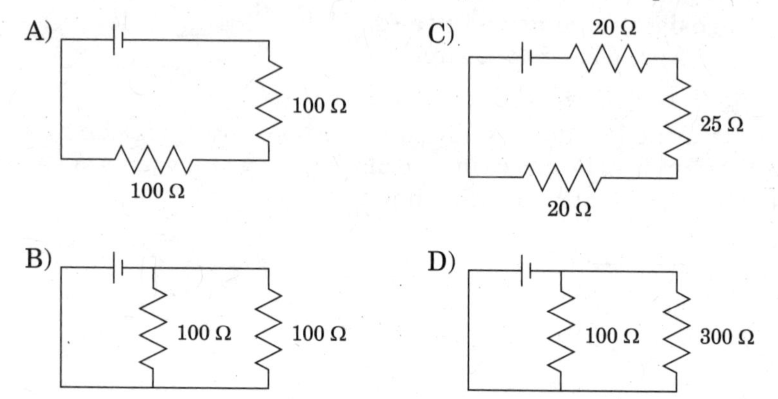

Solution

Les résistors en A et C sont branchés en série, leur résistance équivalente est donc la somme des résistances des résistors branchés. Ainsi, en A :

$R_{éq} = R_1 + R_2 = 100\ \Omega + 100\ \Omega = 200\ \Omega$

et en C :

$R_{éq} = R_1 + R_2 + R_3 = 20\ \Omega + 25\ \Omega + 20\ \Omega = 65\ \Omega$

Les résistors en B et D étant branchés en parallèle, on a :

$\frac{1}{R_{éq}} = \frac{1}{R_1} + \frac{1}{R_2} = \frac{1}{100\ \Omega} + \frac{1}{100\ \Omega} = \frac{2}{100\ \Omega} = \frac{1}{50\ \Omega}$ pour le circuit en B, d'où $R_{éq} = 50\ \Omega$,

et

$\frac{1}{R_{éq}} = \frac{1}{R_1} + \frac{1}{R_2} = \frac{1}{100\ \Omega} + \frac{1}{300\ \Omega} = \frac{4}{100\ \Omega} = \frac{1}{75\ \Omega}$ pour le circuit en D, d'où $R_{éq} = 75\ \Omega$.

Réponse :

B.

Problème 41

On construit un circuit composé d'une source de 30 V et de trois résistors, 5 Ω, 10 Ω et 15 Ω.

Quelle est l'intensité du courant fourni par la source dans le circuit et celle du courant traversant chacun de ces résistors s'ils sont branchés :

a) en série ?

b) en parallèle ?

Tracez le schéma de chacun de ces branchements.

Solutions

a)

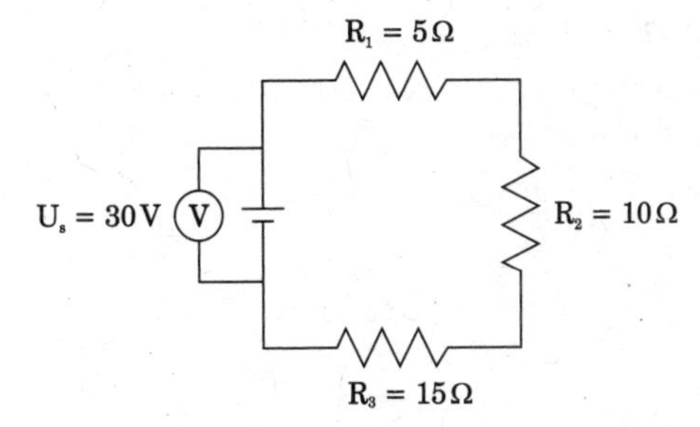

Chaque partie du circuit est caractérisée par trois mesures : la différence de potentiel, l'intensité du courant et la résistance de l'élément. Certaines de ces mesures sont données, d'autres sont à chercher, ce que l'on peut présenter dans un tableau auquel on ajoute une colonne destinée aux paramètres du circuit équivalent simple.

	Résistor 1	**Résistor 2**	**Résistor 3**	**Circuit équivalent simple**
Différence de potentiel	U_1	U_2	U_3	$U_S = 30$ V $U_S = U_1 + U_2 + U_3$
Intensité	$I_1 = ?$	$I_2 = ?$	$I_3 = ?$	$I_t = ?$ $I_t = I_1 = I_2 = I_3$
Résistance	5 Ω	5 Ω	5 Ω	$R_{éq}$ $R_{éq} = R_1 + R_2 + R_3$

Attention

Pour faire le calcul dans une branche, il faut connaître deux mesures afin de trouver la troisième à l'aide de la loi d'Ohm. Ici, dans chaque branche, on ne connaît qu'une seule mesure. On commence donc la démarche par le calcul de la résistance équivalente.

On observe le tableau et on élabore le plan suivant :

1re étape : Calcul de la résistance équivalente.

$R_{éq} = R_1 + R_2 + R_3 = 5\ \Omega + 10\ \Omega + 15\ \Omega = 30\ \Omega$

2e étape : Calcul de l'intensité totale (du courant fourni par la source) à l'aide de la loi d'Ohm.

$$U_S = R_{éq} \times I_t \Rightarrow I_t = \frac{U_S}{R_{éq}} = \frac{30\,V}{30\ \Omega} = 1\ A$$

Les trois résistors étant branchés en série, on a :

$I_1 = I_2 = I_3 = I_t = 1\ A$

b)

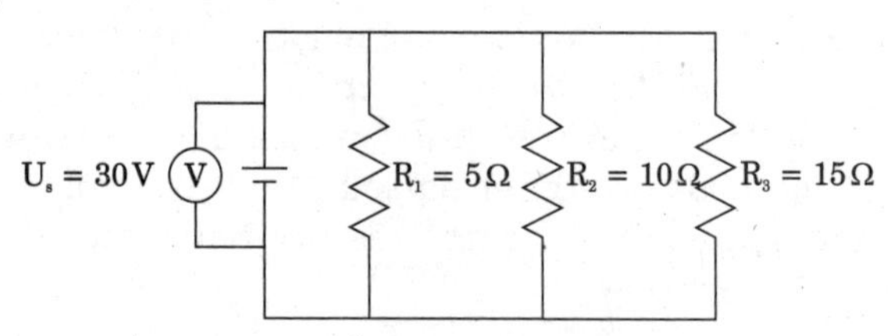

On écrit toutes les données et l'on indique les mesures à chercher dans le tableau ci-dessous.

	Résistor 1	**Résistor 2**	**Résistor 3**	**Circuit équivalent simple**
Différence de potentiel	$U_1 = 30$ V	$U_2 = 30$ V	$U_3 = 30$ V	$U_S = 30$ V $U_S = U_1 = U_2 = U_3$
Intensité	$I_1 = ?$	$I_2 = ?$	$I_3 = ?$	$I_t = ?$ $I_t = I_1 + I_2 + I_3$
Résistance	5 Ω	5 Ω	5 Ω	$R_{éq}$ $\frac{1}{R_{éq}} = \frac{1}{R_1} + \frac{1}{R_2} + \frac{1}{R_3}$

Ici, on calcule directement l'intensité du courant dans chacune des branches, car on connaît la tension aux bornes de chaque résistor (dans le branchement en parallèle, elle est la même que celle aux bornes de la source) ainsi que la résistance de chaque résistor.

$$U_1 = R_1 \times I_1 \Rightarrow I_1 = \frac{U_1}{R_1} = \frac{30\,V}{5\,\Omega} = 6\,A$$

$$U_2 = R_2 \times I_2 \Rightarrow I_2 = \frac{U_2}{R_2} = \frac{30\,V}{10\,\Omega} = 3\,A$$

$$U_3 = R_3 \times I_3 \Rightarrow I_3 = \frac{U_3}{R_3} = \frac{30\,V}{15\,\Omega} = 2\,A$$

L'intensité totale est (loi de Kirchhoff des courants) :

$I_t = I_1 + I_2 + I_3 = 6\,A + 3\,A + 2\,A = 11\,A$

Réponses :

a) $I_t = I_1 = I_2 = I_3 = 1\,A$

b) $I_1 = 6\,A$, $I_2 = 3A$, $I_3 = 2\,A$, $I_t = 11\,A$

Problème 42

Une source de force électromotrice inconnue fournit un courant de 2 A dans un circuit composé de deux résistors, R_1 et R_2, branchés en parallèle et dont les résistances sont respectivement 4 Ω et 12 Ω.

a) Tracez le schéma de ce circuit.

b) Calculez l'intensité du courant qui circule dans chacun de ces résistors.

Solutions

a)

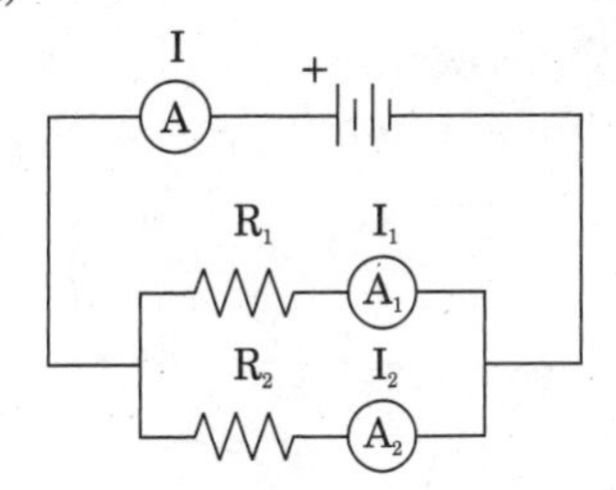

b) On écrit les données et les mesures cherchées dans le tableau ci-dessous.

	Résistor 1	Résistor 2	Circuit équivalent simple
Différence de potentiel	U_1	U_2	U_S $U_S = U_1 = U_2$
Intensité	$I_1 = ?$	$I_2 = ?$	$I_t = 2\ A$ $I_t = I_1 + I_2$
Résistance	$R_1 = 4\ \Omega$	$R_2 = 12\ \Omega$	$R_{éq}$ $\frac{1}{R_{éq}} = \frac{1}{R_1} + \frac{1}{R_2}$

1re étape : Calcul de la résistance équivalente (circuit en parallèle).

$$\frac{1}{R_{éq}} = \frac{1}{R_1} + \frac{1}{R_2} = \frac{1}{4\ \Omega} + \frac{1}{12\ \Omega} = \frac{4}{12\ \Omega} \Rightarrow R_{éq} = 3\ \Omega$$

2e étape : Calcul de la différence de potentiel aux bornes de la source (loi d'Ohm).

$U_S = R_{éq} \times I_t = 3\ \Omega \times 2\ A = 6\ V$

3e étape : $U_1 = U_2 = 6\ V$

4e étape : Calcul de l'intensité du courant qui circule dans les branches (loi d'Ohm).

$$U_1 = R_1 \times I_1 \Rightarrow I_1 = \frac{U_1}{R_1} = \frac{6\ V}{4\ \Omega} = 1{,}5\ A$$

$$U_2 = R_2 \times I_2 \Rightarrow I2 = \frac{U_2}{R_2} = \frac{6\ V}{12\ \Omega} = 0{,}5\ A$$

Remarque

On peut vérifier que la somme des courants dans les branches secondaires est égale au courant dans la branche principale.

Réponses :

a) Voir le schéma dans la solution.

b) $I_1 = 1{,}5\ A$, $I_2 = 0{,}5\ A$

Problème 43 (Sciences physiques 436)

Le circuit électrique illustré ci-dessous se compose d'une source de courant, de quatre résistors, R_1, R_2, R_3 et R_4, ainsi que d'un ampèremètre (A).

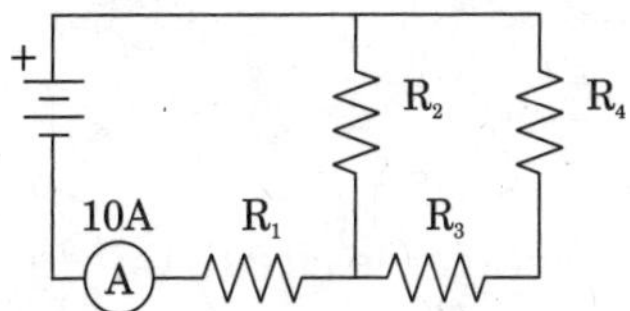

L'ampèremètre indique 10 A et les quatre résistances sont respectivement 10 Ω, 20 Ω, 20 Ω et 40 Ω.

a) Calculez la résistance équivalente du circuit.

b) Calculez la différence de potentiel aux bornes de la source.

c) Trouvez la tension aux bornes du résistor R_2.

d) Trouvez l'intensité du courant qui traverse le résistor R_3.

Solution

a) Certains éléments du circuit sont branchés en série, les autres en parallèle. On a donc un circuit mixte.

Les résistors R_3 et R_4 étant branchés en série, on peut les remplacer par un résistor ($R_{3,4}$) dont la résistance est :

$R_{3,4} = R_3 + R_4 = 20\ \Omega + 40\ \Omega = 60\ \Omega$

Les résistors R_2 et $R_{3,4}$ étant branchés en parallèle, on peut les remplacer par un résisror ($R_{2,(3,4)}$) dont la résistance est égale à 15 Ω. En effet :

$$\frac{1}{R_{2,(3,4)}} = \frac{1}{R_2} + \frac{1}{R_{3,4}}$$

$$\frac{1}{R_{2,(3,4)}} = \frac{1}{20\ \Omega} + \frac{1}{60\ \Omega} = \frac{4}{60\ \Omega} \Rightarrow R_{2,(3,4)} = 15\ \Omega$$

Les résistors R_1 et $R_{2,(3,4)}$ étant branchés en série, on peut les remplacer par un résistor ($R_{1,(2,(3,4))}$) dont la résistance est :

$R_{1,(2,(3,4))} = R_1 + R_{2,(3,4)} = 10\ \Omega + 15\ \Omega = 25\ \Omega$

Cette résistance correspond à la résistance équivalente du circuit.

Remarque

En suivant la démarche dans le sens inverse, on peut écrire une formule permettant de calculer la résistance équivalente du circuit.

$$R_{éq} = R_1 + \frac{1}{\frac{1}{R_2} + \frac{1}{R_3 + R_4}}$$

La démarche que l'on a faite permet de partager le circuit en plusieurs parties pouvant être remplacées par des circuits équivalents.

On écrit dans le tableau ci-dessous les mesures données et celles déjà trouvées, ainsi que les mesures qu'il faut calculer en b), c) et d).

Résistor	**R_3**	**R_4**	**$R_{3,4}$**	**R_2**	**$R_{2,(3,4)}$**	**R_1**	**Circuit équivalent simple**
Différence de potentiel				U_2 = ?			U_S = ?
Intensité	I_3 = ?					I_1 = 10 A	I_t = 10 A
Résistance	20 Ω	40 Ω	60 Ω	20 Ω	15 Ω	10 Ω	$R_{éq}$ = 20 Ω

b) On calcule la différence de potentiel aux bornes de la source à l'aide de la loi d'Ohm.

$U_S = R_{éq} \times I_t = 25\ \Omega \times 10\ A = 250\ V$

c) On cherche la tension aux bornes de R_2.

À l'aide de la loi d'Ohm, on trouve d'abord la tension aux bornes du résistor R_1.

$U_1 = R_1 \times I_1 = 10\ \Omega \times 10\ A = 100\ V$

Les résistors R_1 et $R_{2,(3,4)}$ sont branchés en série, donc d'après la loi de Kirchhoff des tensions :

$U_S = U_1 + U_{2,(3,4)} \Rightarrow U_{2,(3,4)} = 250\ V - 100\ V = 150\ V$

Les résistors R_2 et $R_{3,4}$ sont branchés en parallèle, donc la tension aux bornes de chacun de ces résistors est la même, soit 150 V.

d) On cherche I_3.

Dans la colonne de R_3 ne figure qu'une seule mesure.

On trouve d'abord l'intensité du courant traversant le résistor R_2, puis on applique la loi de Kirchhoff sur le courant (branchement en parallèle).

$$U_2 = R_2 \times I_2 \Rightarrow I_2 = \frac{U_2}{R_2} = \frac{150\,\text{V}}{20\,\Omega} = 7,5\text{ A}$$

$$I_{2,(3,4)} = I_2 + I_{3,4} \Rightarrow I_{3,4} = I_{2,(3,4)} - I_2 = 10\text{ A} - 7,5\text{ A} = 2,5\text{ A}$$

Les résistors R_3 et R_4 étant branchés en série, ils sont parcourus par le même courant, soit 2,5 A.

Réponses :

a) $R_{éq} = 25\,\Omega$ b) $U_S = 250\,\text{V}$ c) $U_2 = 150\,\text{V}$ d) $I_3 = 2,5\,\text{A}$

Problème 44 (SCP 436)

Calculez la différence de potentiel entre les points A et B dans le circuit suivant :

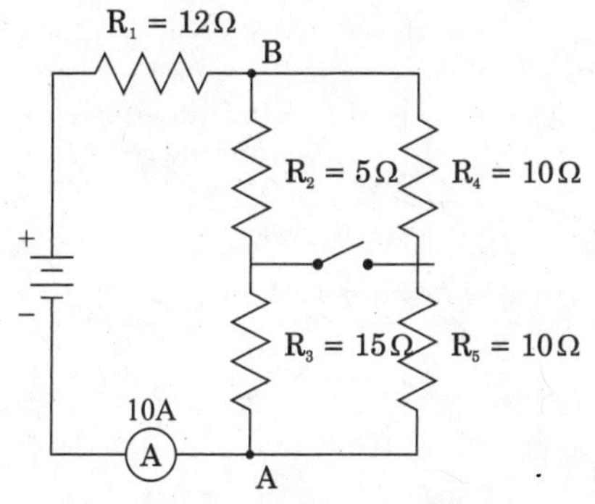

a) lorsque l'interrupteur est ouvert;

b) lorsque l'interrupteur est fermé.

Solutions

a) Lorsque l'interrupteur est ouvert, on a le schéma et le tableau suivants :

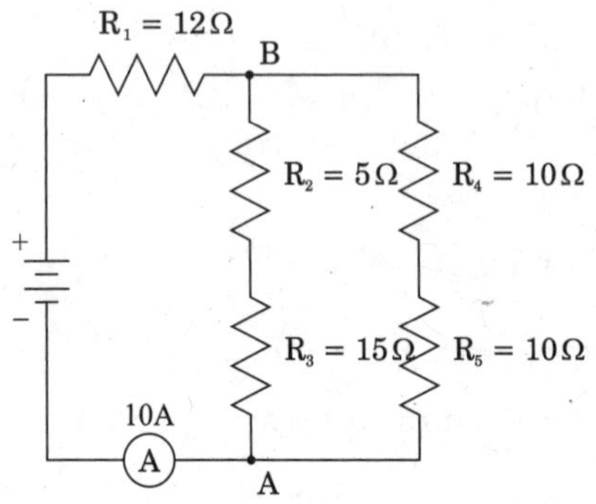

Résistor	R_2	R_3	$R_{(2,3)}$	R_4	R_5	$R_{(4,5)}$
D.d.p.						
Intensité						
Résistance	5 Ω	15 Ω		10 Ω	10 Ω	

(suite du tableau)

Résistor	$R_{(2,3),(4,5)}$	R_1	Circuit équivalent simple
D.d.p.	$U_{AB} = ?$		
Intensité		$I_1 = 10$ A	$I_t = 10$ A
Résistance		12 Ω	

1re étape : calcul de la résistance équivalente du circuit.

- Calcul de $R_{2,3}$ (en série) :

  $R_{2,3} = R_2 + R_3 = 5\ \Omega + 15\ \Omega = 20\ \Omega$

- Calcul de $R_{4,5}$ (en série) :

  $R_{4,5} = R_4 + R_5 = 10\ \Omega + 10\ \Omega = 20\ \Omega$

- Calcul de $R_{(2,3),(4,5)}$ (en parallèle) :

$$\frac{1}{R_{(2,3),(4,5)}} = \frac{1}{R_{2,3}} + \frac{1}{R_{4,5}} = \frac{1}{20\ \Omega} + \frac{1}{20\ \Omega} = \frac{1}{10\ \Omega} \Rightarrow$$

  $R_{(2,3),(4,5)} = 10\ \Omega$

- Calcul de la résistance équivalente :

  $R_{éq} = R_1 + R_{(2,3),(4,5)} = 12\ \Omega + 10\ \Omega = 22\ \Omega$

2e étape : Calcul de la d.d.p. aux bornes de la source (loi d'Ohm).

$U_S = R_{éq} \times I_t = 22\ \Omega \times 10\ A = 220\ V$

3e étape : Calcul de la tension aux bornes de R_1 (loi d'Ohm).

$U_1 = R_1 \times I_1 = 12\ \Omega \times 10\ A = 120\ V$

4e étape : Calcul de U_{AB}.

$U_S = U_{AB} + U_1 \Rightarrow U_{AB} = U_S - U_1 = 220\ V - 120\ V = 100\ V$

b) Lorsque l'interrupteur est fermé, on a le schéma et le tableau suivants :

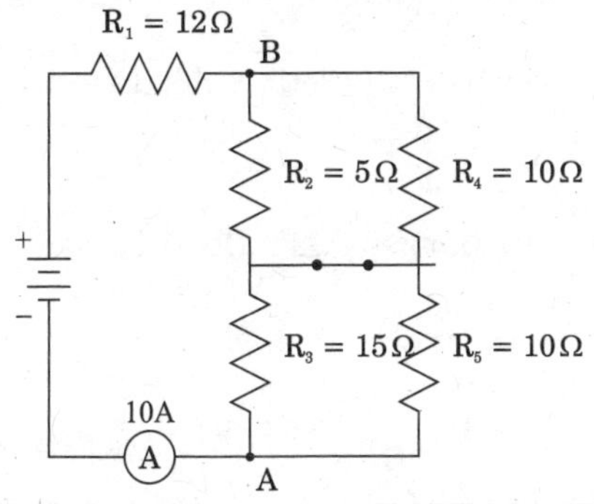

Résistor	R_2	R_4	$R_{2,4}$	R_3	R_5	$R_{3,5}$
D.d.p.						
Intensité						
Résistance	5 Ω	10 Ω		10 Ω	10 Ω	

(suite du tableau)

Résistor	$R_{(2,4),(3,5)}$	R_1	Circuit équivalent simple
D.d.p.	U_{AB} = ?		
Intensité		I_1 = 10A	I_t = 10 A
Résistance		12 Ω	

1re étape : calcul de la résistance équivalente du circuit.

- Calcul de $R_{2,4}$ (en parallèle) :

$$\frac{1}{R_{2,4}} = \frac{1}{R_2} + \frac{1}{R_4} = \frac{1}{5\ \Omega} + \frac{1}{10\ \Omega} = \frac{3}{10\ \Omega} \Rightarrow R_{2,4} = \frac{10}{3}\ \Omega$$

- Calcul de $R_{3,5}$ (en parallèle) :

$$\frac{1}{R_{3,5}} = \frac{1}{R_3} + \frac{1}{R_5} = \frac{1}{15\ \Omega} + \frac{1}{10\ \Omega} = \frac{1}{6\ \Omega} \Rightarrow R_{3,5} = 6\ \Omega$$

- Calcul de $R_{(2,4),(3,5)}$ (en série) :

$$R_{(2,4),(3,5)} = R_{2,4} + R_{3,5} = \frac{10}{3}\ \Omega + 6\ \Omega = \frac{28}{3}\ \Omega$$

- Calcul de $R_{éq}$

$$R_{éq} = R_1 + R_{(2,4),(3,5)} = 12\ \Omega = \frac{28}{3}\ \Omega = \frac{64}{3}\ \Omega$$

2e étape : Calcul de la d.d.p. aux bornes de la source (loi d'Ohm).

$$U_S = R_{éq} \times I_t = \frac{64}{3}\ \Omega \times 10\ A = \frac{640}{3}\ V$$

3e étape : Calcul de la tension aux bornes de R_1 (loi d'Ohm).

$$U_1 = R_1 \times I_1 = 12\ \Omega \times 10\ A = 120\ V$$

4e étape : Calcul de U_{AB}.

$$U_S = U_{AB} + U_1 \Rightarrow U_{AB} = U_S - U_1 = \frac{640}{3} V - 120\ V \approx 93{,}3\ V$$

Réponses :

a) 100 V.

b) 93,3 V.

Pour travailler seul

Problème 45

Vrai ou faux ?

a) Un ampèremètre se branche en série.

b) Un voltmètre mesure la tension et se branche en série.

c) Lorsque la conductance augmente, la résistance diminue.

d) L'équation $I = G \times U$ représente adéquatement la loi d'Ohm pour un résistor de conductance G.

e) Lorsque des résistors sont branchés en série, la résistance équivalente est égale à la somme des résistances.

f) Lorsque des résistors sont branchés en parallèle, la résistance équivalente est égale à l'inverse de la somme des résistances.

g) Ohm a énoncé la loi des tensions et la loi des courants.

h) La loi qui exprime la différence de potentiel en fonction de l'intensité du courant s'appelle la loi de Kirchhoff.
i) La somme des différences de potentiel à une jonction d'un circuit vaut toujours zéro.
j) À n'importe quelle jonction d'un circuit, la somme des courants qui y entrent est égale à la somme des courants qui en sortent.

Problème 46

Indiquez par des flèches les courants qui entrent dans la jonction et qui en sortent, de manière à représenter la loi de Kirchhoff sur le courant.

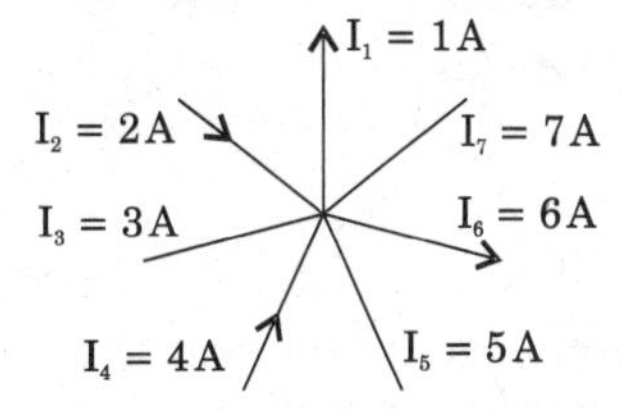

Problème 47

Sur quel schéma la loi de Kirchhoff sur les tensions est-elle correctement illustrée ?

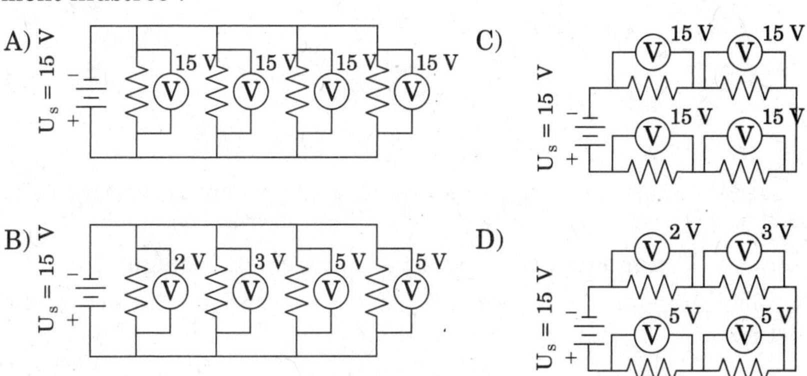

Problème 48

Le circuit illustré ci-dessous se compose d'une source de courant, de trois résistors, R_1, R_2 et R_3, ainsi que de deux ampèremètres (A_1) et (A_2).

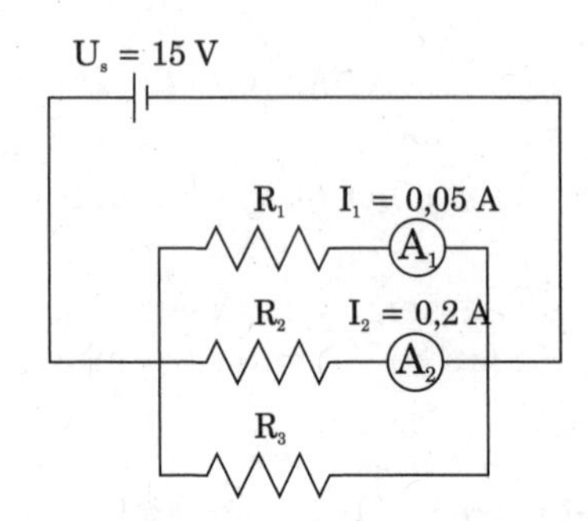

La différence de potentiel, U_S, à la source, est de 15 V, l'ampèremètre A_1 indique 0,05 A et l'ampèremètre A_2 indique 0,2 A.

La résistance équivalente, $R_{éq}$, du circuit est de 30 Ω.

Quelle est la valeur du résistor R_3 ?

Problème 49

Le circuit électrique illustré ci-dessous se compose d'une source de courant, de deux résistors R_1 et R_2, d'un interrupteur et d'un ampèremètre Ⓐ.

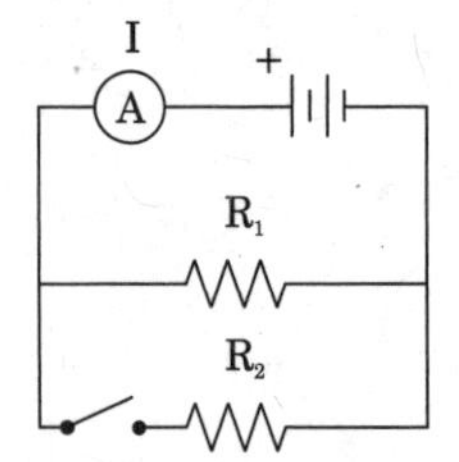

Les résistances des deux résistors, R_1 et R_2, valent respectivement 4 Ω et 2 Ω.

Lorsque l'interrupteur est ouvert, l'ampèremètre indique 2 A.

Quelle intensité l'ampèremètre indique-t-il lorsque l'interrupteur est fermé ?

Problème 50 (SCP 436)

Trouvez la mesure manquante dans chacun des circuits illustrés ci-dessous.

a)

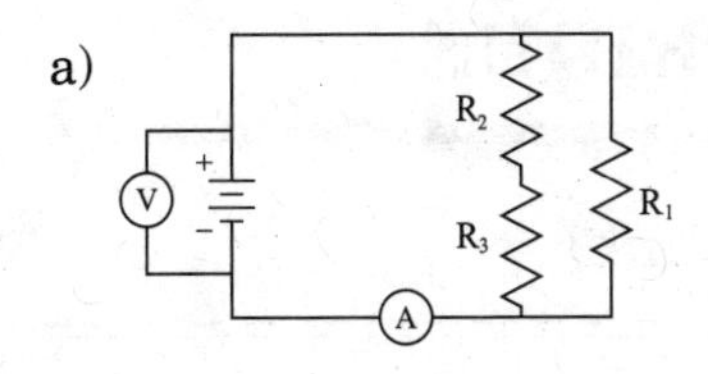

$I_t = 5$ A $R_1 = ?$ $R_2 = 5\ \Omega$ $R_3 = 10\ \Omega$ $U_S = 30$ V

b)

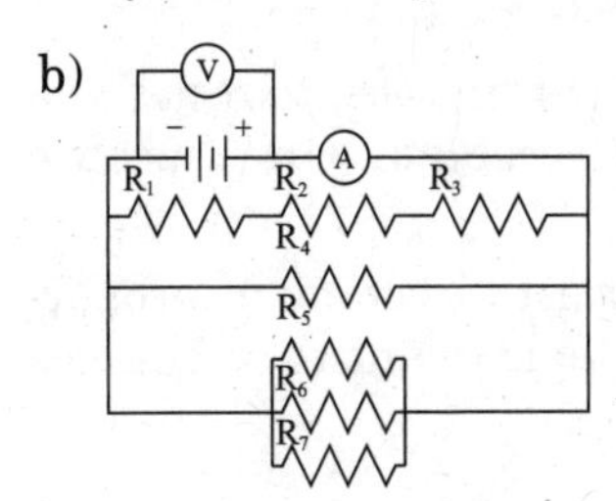

$I_t = ?$ $R_1 = 2\ \Omega$ $R_2 = 3\ \Omega$ $R_3 = 10\ \Omega$ $R_4 = 10\ \Omega$

$R_5 = 5\ \Omega$ $P_6 = 10\ \Omega$ $P_7 = 5\ \Omega$ $Y_S = 6$ V

c)

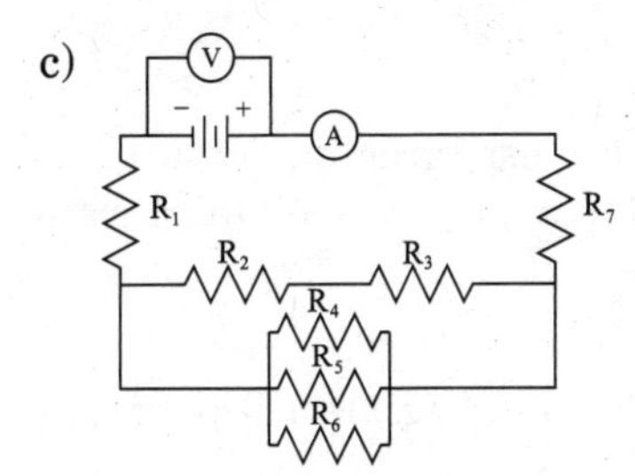

$I_t = 3$ A $R_1 = ?$ $R_2 = 2\ \Omega$ $P_3 = 3\ \Omega$ $P_4 = 5\ \Omega$

$R_5 = 5\ \Omega$ $P_6 = 2{,}5\ \Omega$ $P_7 = 3\ \Omega$ $Y_S = 18$ V

3 - L'ÉNERGIE ÉLECTRIQUE

3.1 Travail, énergie et puissance

L'ESSENTIEL

- Le **travail** (W) est la mesure d'un transfert d'énergie.
- L'**énergie électrique** (E) consommée par un récepteur désigne la capacité d'effectuer un travail par ce récepteur. On la mesure en joules (J) (*).
- L'énergie consommée par un récepteur est directement proportionnelle à la tension (U) à ses bornes et à la quantité de charges (Q) traversant ce récepteur.

  $E = U \times Q$ (**)
- La **puissance** (P) d'un récepteur est l'énergie électrique qu'il a consommée par unité de temps (s). Elle est mesurée en watts (W).

  $P = \frac{E}{t}$
- La puissance d'un appareil électrique est directement proportionnelle à la tension à ses bornes (U) et à l'intensité du courant (I) qui le traverse.

  $P = U \times I$
- La puissance dissipée par un résistor de résistance R parcouru par un courant d'intensité I est :

  $P = R \times I^2$

Remarques

*	*Le joule est l'unité de base dans le système international de mesures (SI). En électricité, on utilise souvent le kilowatt/heure (kWh) pour mesurer l'énergie; en chimie, on utilise la calorie.*
**	*En appliquant la formule* $Q = I \times t$, *on a aussi :* $E = U \times I \times t$

Pour s'entraîner

Problème 51

La plaque signalétique d'un séchoir à cheveux porte les indications suivantes : 120 V – 60 Hz – 1 200 W.

Cet appareil est utilisé 5 heures chaque jour. Le coût d'utilisation de l'énergie électrique est de 0,05 $ du kWh.

Quel est le coût mensuel d'utilisation de cet appareil (30 jours).

Solution

Conseil

> *Lorsqu'on donne le tarif unitaire pour chaque kWh, il est préférable de calculer la consommation de l'énergie électrique en kWh. On convertit alors les watts en kilowatts.*

Données : $U = 120\ V$

$f = 60\ Hz$

$P = 1\ 200\ W = 1,2\ kW$

$t = 5\ h \times 30 = 150\ h$

$\text{tarif unitaire} = 0,05\ \$/_{kWh}$

On cherche le coût d'utilisation, c'est-à-dire le coût de l'énergie consommée, $E = P \times t$.

$\text{Coût} = E \times \text{tarif unitaire} = P \times t \times \text{tarif unitaire} =$

$1,2\ kW \times 150\ h \times 0,05\ \$/_{kWh} = 9\ \$$

Réponse :

9 $.

Problème 52 (SCP 436)

Quelle est la quantité d'énergie consommée lorsqu'une charge de 4 C traverse un résistor dont la tension à ses bornes est de 16 V ?

Solution

Données : $Q = 4\ C$ | Ce que l'on cherche : E

$U = 16\ V$ | Formule : $E = U \times Q$

Calcul :

$E = U \times Q = 16\ V \times 4\ C = 64\ W$

Réponse :

64 W.

Problème 53 (SCP 436)

Le circuit électrique mixte illustré ci-dessous est composé d'une source, de trois résistors, R_1, R_2 et R_3, et d'un voltmètre branché aux bornes du résistor R_1.

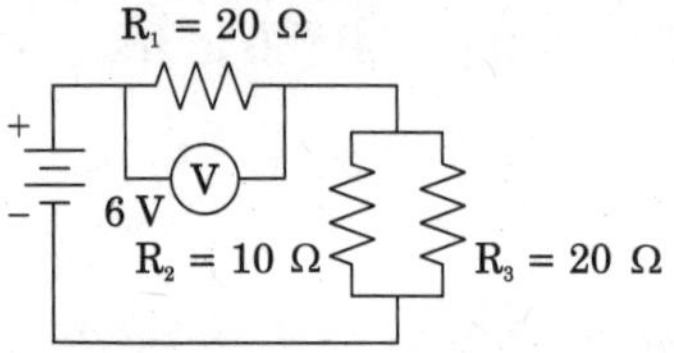

$R_1 = 20\ \Omega$
+
−
6 V
V
$R_2 = 10\ \Omega$
$R_3 = 20\ \Omega$

Le voltmètre indique 6 V et les résistances sont $R_1 = 20\ \Omega$, $R_2 = 10\ \Omega$ et $R_3 = 20\ \Omega$.

Calculez la puissance totale dissipée par ces trois résistors.

Solution

Données : $R_1 = 20\ \Omega$
$R_2 = 10\ \Omega$
$R_3 = 20\ \Omega$
$U_1 = 6\ V$

Ce que l'on cherche : P
Formule : $P = R \times I^2$

Lorsqu'on cherche la puissance totale, R doit être remplacée par la résistance équivalente du circuit et I par l'intensité totale.

1re étape : Calcul de la résistance équivalente du circuit.

– Calcul de la résistance équivalente $R_{2,3}$ (en parallèle) :

$$\frac{1}{R_{2,3}} = \frac{1}{R_2} + \frac{1}{R_3} = \frac{1}{10\ \Omega} + \frac{1}{20\ \Omega} = \frac{3}{20\ \Omega} \Rightarrow R_{2,3} = \frac{20}{3}\ \Omega$$

– Calcul de la résistance équivalente $R_{1,(2,3)}$ (en série), qui est la résistance équivalente du circuit :

$$R_{éq} = R_1 + R_{2,3} = 20\ \Omega + \frac{20}{3}\ \Omega = \frac{80}{3}\ \Omega$$

2e étape : Calcul de l'intensité totale (loi d'Ohm).

– Calcul de l'intensité I_1 :

$$U_1 = R_1 \times I_1 \Rightarrow I_1 = \frac{U_1}{R_1} = \frac{6\,V}{20\,\Omega} = 0{,}3\,A$$

- Déduction de l'intensité totale :

  $I_t = I_1 = 0{,}3\,A$

3e étape : Calcul de la puissance totale.

$$P = R_{éq} \times I_t^2 = \frac{80}{3}\,\Omega \times (0{,}3\,A)^2 = 2{,}4\,W$$

Réponse :

2,4 W.

Problème 54 (SCP 436)

Une source de 10 V alimente le circuit mixte illustré ci-dessous.

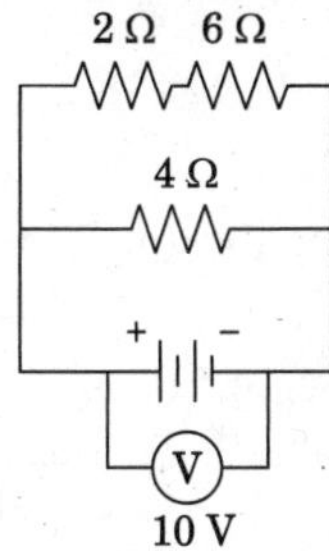

Combien de joules ce circuit consomme-t-il en 3 heures ?

Solution

Données : $U_S = 10\,V$ | Ce que l'on cherche : E

$R_1 = 2\,\Omega$ | Formule : $E = U \times I \times t$

$R_2 = 6\,\Omega$

$R_3 = 4\,\Omega$

$t = 3\,h = 10\,800\,s$

Lorsqu'on cherche l'énergie consommée par un circuit, on remplace le U par la d.d.p. aux bornes de la source et le I par l'intensité totale. Voici les étapes à suivre :

1re étape : Calcul de la résistance équivalente.

- Calcul de la résistance $R_{1,2}$ (en série) :

  $R_{1,2} = R_1 + R_2 = 2\,\Omega + 6\,\Omega = 8\,\Omega$

- Calcul de la résistance équivalente $R_{(1,2),3}$ (en parallèle), qui est la résistance équivalente du circuit :

$$\frac{1}{R_{éq}} = \frac{1}{R_{1,2}} + \frac{1}{R_3} = \frac{1}{8\ \Omega} + \frac{1}{4\ \Omega} = \frac{3}{8\ \Omega} \Rightarrow R_{éq} = \frac{8}{3}\ \Omega$$

2e étape : Calcul de l'intensité totale (loi d'Ohm).

$$U_S = R_{éq} \times I_t \Rightarrow I_t = \frac{U_S}{R_{éq}} = \frac{10\ V}{\frac{8}{3}\ \Omega} = \frac{15}{4}\ A = 3{,}75\ A$$

3e étape : Calcul de l'énergie consommée.

$$E = U \times I \times t = 10\ V \times 3{,}75\ A \times 10\ 800\ s = 405\ 000\ J$$

Réponse :

405 000 J.

Pour travailler seul

Problème 55

Une lampe porte les indications suivantes : 120 V – 100 W

a) Quel est l'intensité du courant traversant cette lampe lorsqu'elle fonctionne ?

b) Si la lampe fonctionne 6 heures par jour, quel est son coût d'utilisation sur une période de 2 mois (61 jours) ? L'électricité est facturée au taux unitaire de 0,05 $\$/_{kWh}$.

Problème 56

Complétez le texte avec les mots suivants :

augmente, diminue, constante.

Plus le débit de charge électrique __________, plus l'intensité du courant augmente. Au fur et à mesure que l'on branche des piles en série, la différence de potentiel _________. Lorsque les électrons effectuent un travail (pour traverser le circuit ou les résistors), le potentiel de ces électrons ____________ et la différence de potentiel _________. Plus l'énergie consommée dans le circuit augmente, plus la différence de potentiel ________ lorsque l'intensité du courant est __________.

Problème 57

Reproduisez le tableau suivant en associant correctement les notions de la première colonne avec les formules de la deuxième et les unités de la troisième.

Notion	Formule	Unité
Courant électrique	$U = R \times I$	Joule (J)
Tension	$E = P \times t$	Watt (W)
Puissance	$I = \frac{Q}{t}$	Ampère (A)
Énergie	$P = U \times I$	Volt (V)

Problème 58

Quelle est la puissance d'un élément chauffant de 50 Ω qui fonctionne sur une alimentation de 120 V ?

Problème 59

Voici les indications qu'on trouve sur les plaques signalétiques de quatre appareils électriques différents.

Appareil 1: 800 W – 120 V – 60 Hz
Appareil 2: 2 A – 240 V – 60 Hz
Appareil 3: 1 200 W – 10 A – 120 V
Appareil 4: 12 A – 120 V

Ces quatre appareils fonctionnent pendant une heure.

Lequel de ces appareils est le plus coûteux à faire fonctionner ?

Problème 60

Voici la plaque signalétique d'un radiateur électrique.

Modèle BLOI	Série TFJMBOO
120 V	60 Hz
12,5 A	1 500 W (1,5 kW)

L'hiver dernier, ce radiateur a fonctionné pendant 330 heures. Le coût d'utilisation de l'énergie électrique est de 0,05 $ par kWh.

Quel a été le coût d'utilisation de ce radiateur l'hiver dernier ?

A) 0,08 $. B) 24,75 $. C) 75,00 $. D) 24 750 $.

Problème 61

Un appareil fonctionne pendant 15 minutes et consomme 900 kJ d'énergie.

Quelle est la puissance électrique de cet appareil ?

Problème 62

Un appareil de chauffage comprenant un résistor de 10 Ω est branché à une source de courant de 120 V.

a) Calculez la puissance de cet appareil.

b) Combien de kilojoules cet appareil consomme-t-il pendant une heure de fonctionnement ?

Problème 63

Une ampoule ordinaire de 150 W est allumée 10 heures par jour, 365 jours par année. Tout en conservant la même intensité lumineuse, on pourrait diminuer le coût d'utilisation de l'énergie électrique en remplaçant cette ampoule ordinaire par une ampoule halogène de 90 W.

Le coût d'utilisation de l'énergie électrique est de 0,05 $ par kilowatt/heure. .

Quelle économie annuelle obtiendrait-on alors ?

4 - LA LOI DE CONSERVATION DE L'ÉNERGIE

4.1 Énergie thermique et loi de conservation de l'énergie

L'ESSENTIEL

- L'**énergie thermique** ou la **chaleur** (Q) est une forme d'énergie associée au mouvement des particules qui constituent un corps (*).
- La quantité d'énergie thermique absorbée (ou libérée) par une substance est caractérisée par trois facteurs :
  - la masse (m) de la substance qui absorbe (libère) la chaleur;
  - la variation de la température (Δt) subie par la substance (**);
  - la nature de la substance décrite par le facteur appelé **capacité thermique massique** ou **chaleur massique** (c).
- La capacité thermique massique d'une substance est la quantité d'énergie nécessaire pour augmenter d'un degré Celsius la température d'un gramme de cette substance. Son unité est $J/_{g \times °C}$.
- L'équation qui met en relation ces trois facteurs est :

  $Q = m\,c\,\Delta t$
- La capacité thermique massique de l'eau est de 4,19 $J/_{g \times °C}$.
- **Loi de conservation de l'énergie**

  L'énergie ne se crée pas, ne se perd pas, elle se transforme.
- L'énergie électrique dissipée par un résistor est transformée en chaleur :

  $E_{électrique} = E_{thermique}$

  $U \times I \times t = m\,c\,\Delta t$

Attentions

*	*Selon le cas, Q est utilisée pour désigner la charge électrique (en coulombs) ou la chaleur (en joules).*
**	*Il faut distinguer le t, qui désigne le temps (en secondes) dans la formule* $P = \frac{E}{t}$, *du* Δt *qui désigne la variation de la température (en °C) dans la formule* $Q = m\ c\ \Delta t$.

Pour s'entraîner

Problème 64

Sans résoudre les problèmes, déterminez les données qui manquent ou qui sont en trop.

a) Quelle est la capacité thermique massique de l'huile s'il faut 80 kJ pour élever sa température de 50 °C ?

b) Quelle quantité de chaleur faut-il fournir à 50 g d'huile pour élever sa température de 80 °C ?

c) Pour élever de 50 °C la température de 2 kg d'antigel à la pression normale de 101,3 kPa, il faut fournir 220 kJ d'énergie thermique. Quelle serait la capacité thermique massique de cette substance si sa température initiale était de 20 °C ?

d) Quelle quantité de chaleur faut-il fournir pour porter à ébullition 1,5 L d'eau ?

Solutions

Dans tous ces problèmes, on applique la formule $Q = m\ c\ \Delta t$.

Attention

> *Faites la distinction entre ces deux expressions :*
> *– élever la température de 50 °C* ($\Delta t = 50$ °C);
> *– élever la température à 50 °C* ($t_f = 50$ °C).

a) Données : $Q = 80$ kJ   Ce que l'on cherche : c
$\Delta t = 50$ °C

Pour trouver c, il manque m, la masse de l'huile.

b) Données : $m = 50$ g   Ce que l'on cherche : Q
$\Delta t = 80$ °C

Pour trouver Q, il manque c, la capacité thermique massique de l'huile.

c) Données : $\Delta t = 50\ °C$ Ce que l'on cherche : c

$m = 2\ kg$

$Q = 220\ kJ$

$t_i = 20\ °C$

$p = 101{,}3\ kPa$

Pour trouver c, il suffit de connaître trois valeurs, celles de Q, de m et de Δt. Ainsi, ni la température initiale, ni la pression ne sont nécessaires.

d) Données : $m = 1\ 500\ g$ Ce que l'on cherche : Q

$t_f = 100\ °C$

$c = 4{,}19\ J/g \times °C$

Pour trouver Q, il faut connaître la variation de la température. Il manque donc t_i.

Réponses :

a) Il manque une donnée, la masse (m).

b) Il manque une donnée, la capacité thermique massique (c).

c) Il y a trop de données : la pression (p) et la température initiale (t_i) ne sont pas nécessaires pour calculer la capacité thermique massique.

d) Il manque une donnée, la température initiale (t_i).

Problème 65

Les capacités thermiques du fer, de l'eau et de l'aluminium sont respectivement 0,45 $J/g \times °C$, 4,19 $J/g \times °C$ et 0,9 $J/g \times °C$.

Calculez la quantité d'énergie thermique (absorbée ou libérée) dans les cas suivants :

a) la température d'un bloc de fer de 1 kg passe de 50 °C à 250 °C;

b) 100 ml d'eau passe de 30 °C à son point d'ébullition;

c) 2 kg d'aluminium se refroidissent en passant de 300 °C à 30 °C.

Solutions

a) Données : $m = 1\ kg = 1\ 000\ g$ Ce que l'on cherche : Q

$\Delta t = 250\ °C - 50\ °C$
$= 200\ °C$
$c = 0{,}45\ J/g \times °C$

Calcul :

$Q = m\,c\,\Delta t = 1\,000\ g \times 0{,}45\ J/g \times °C \times 200\ °C = 90\,000\ J$

$= 90\ kJ$

b)

Rappel

La masse de 1 mL d'eau est de 1 g.

Données : $m = 100\ g$ — Ce que l'on cherche : Q
$\Delta t = 100\ °C - 30\ °C$
$= 70\ °C$
$c = 4{,}19\ J/g \times °C$

Calcul :

$Q = m\,c\,\Delta t = 100\ g \times 4{,}19\ \frac{J}{g \times °C} \times 70\ °C = 29\,330\ J = 29{,}33\ kJ$

c) Données : $m = 2\ kg = 2\,000\ g$ — Ce que l'on cherche : Q
$\Delta t = 30\ °C - 300\ °C$
$= -270\ °C$
$c = 0{,}9\ J/g \times °C$

Calcul :

$Q = m\,c\,\Delta t = 2\,000\ g \times 0{,}9\ J/g \times °C \times - 270\ °C = - 486\,000\ J$

$= - 486\ kJ$

Remarque

Le signe moins signifie que la substance a libéré de l'énergie en se refroidissant.

Réponses :

a) 90 kJ (énergie absorbée).
b) 29,33 kJ (énergie absorbée).

c) – 486 kJ (énergie libérée).

Problème 66

On chauffe 200 mL d'eau à l'aide d'un résistor de 5 Ω pendant 2 minutes. La température passe de 5 °C au point d'ébullition. Quelle est l'intensité du courant circulant dans ce résistor ?

Solution

Conseil

> *Il faut bien distinguer les données liées à l'énergie thermique de celles liées à l'énergie électrique pour ne pas confondre les significations de la lettre t.*

Données : $m = 200\ g$ $R = 5\ \Omega$

$c = 4{,}19\ \mathrm{J/g \times {}^\circ C}$ $t = 2\ min = 120\ s$

$\Delta t = 100\ {}^\circ C - 5\ {}^\circ C = 95\ {}^\circ C$

Ce que l'on cherche : I

Formule : $E_{thermique} = E_{électrique}$

$Q = E$

$m\,c\,\Delta t = P\,t$

$m\,c\,\Delta t = R\,I^2\,t \quad \Rightarrow I = \sqrt{\dfrac{m\,c\,\Delta t}{R\,t}}$

Calcul :

$$I = \sqrt{\frac{200\ g \times 4{,}19\ \mathrm{J/g \times {}^\circ C} \times 95\ {}^\circ C}{5\ \Omega \times 120\ s}} = 11{,}5\ A$$

Réponse :

11,5 A.

Problème 67

La tension aux bornes d'un résistor est de 9 V quand il est traversé par un courant de 1 A. On utilise ce résistor pour chauffer 200 mL d'eau pendant 3 minutes. De combien de degrés la température de l'eau augmentera-t-elle ?

Solution

Données : $m = 200\ g$ $\quad U = 9\ V$

$c = 4{,}19\ J/_{g\times°C}$ $\quad I = 1\ A$

$t = 3\ min = 180\ s$

Ce que l'on cherche : Δt

Formule : $E_{thermique} = E_{électrique}$

$Q = E$

$m\,c\,\Delta t = U\,I\,t \quad \Rightarrow \Delta t = \dfrac{UIt}{mc}$

Calcul :

$$\Delta t = \frac{9\,V \times 1\,A \times 180\,s}{200\,g \times 4{,}19\ J/_{g\times°C}} = 1{,}93\ °C$$

Remarque

En appliquant la formule $E = U \times I \times t$, *on obtient l'équivalence des unités :* $1\ J = 1\ V \times 1\ A \times 1\ s$

Réponse :

1,93 °C.

Problème 68

Un élément chauffant de 1 200 W a fait augmenter la température de 200 mL d'eau de 5 °C. Combien de temps a-t-il fallu pour que cette augmentation de température se produise ?

Solution

Données : $m = 200\ g$ $\quad P = 1\,200\ W$

$\Delta t = 5\ °C$

$c = 4{,}19\ J/_{g\times°C}$

Ce que l'on cherche : t

Formule : $E_{thermique} = E_{électrique}$

$m\,c\,\Delta t = P\,t \quad \Rightarrow t = \dfrac{m\,c\,\Delta t}{P}$

Calcul :

$$t = \frac{200\ \text{g} \times 4{,}19\ \text{J}/_{\text{g}\times{}^\circ\text{C}} \times 5\ {}^\circ\text{C}}{1200\ \text{W}} \approx 3{,}49\ \text{s}$$

Réponse :

3,49 s.

Pour travailler seul

Problème 69

Un calorimètre contient 120 g d'eau dont la température est de 22 °C. Après 10 minutes de fonctionnement, l'eau atteint la température de 27 °C.

Quelle est l'énergie thermique absorbée par l'eau ?

Problème 70

On chauffe un bloc de plomb de 3 500 g.

Sa température passe de 20 °C à 200 °C. La capacité thermique massique du plomb est de 0,13 $\text{J}/_{\text{g}\times{}^\circ\text{C}}$.

Quelle quantité de chaleur a été absorbée par le bloc de plomb ?

A) 81,9 J. B) 9 100 J. C) 81 900 J. D) 91 000 J.

Problème 71

Le tableau ci-dessous présente des informations concernant l'antigel du système de refroidissement d'une voiture.

Masse : 5 000 g
Température initiale : 5 °C
Capacité thermique massique : 2,2 $\text{J}/_{\text{g}\times{}^\circ\text{C}}$

Durant le fonctionnement de la voiture, cette masse d'antigel absorbe 935 000 J.

Quelle sera la température finale de l'antigel ?

A) 80 °C. B) 85 °C. C) 90 °C. D) 411 °C.

Problème 72

Un élément chauffant est parcouru par un courant de 10 A lorsqu' il est branché à une source de 120 V.

On chauffe à l'aide de cet élément une certaine quantité d'eau. La température de l'eau passe de 30 °C à 60 °C en 5 secondes.

Quelle est la masse de l'eau ?

Problème 73

Une bouilloire électrique contient 1 000 g d'eau à la température de 20 °C. On amène cette eau au point d'ébullition.

Quelle quantité d'énergie a été consommée ?

A) 83 800 J. B) 335 200 J. C) 419 000 J. D) 502 800 J.

5 - LA TRANSFORMATION DE L'ÉNERGIE

5.1 Énergie et transformations de l'énergie

L'ESSENTIEL

- L'énergie peut passer d'un système à un autre et prendre des formes différentes :
  - énergie **lumineuse** – énergie due à la propagation d'ondes électromagnétiques;
  - énergie **mécanique** – énergie due au mouvement d'un objet (énergie mécanique **cinétique**) ou énergie due à la position d'un objet (énergie mécanique **potentielle**);
  - énergie **thermique** – énergie due à l'agitation des molécules dans la matière;
  - énergie **électrique** – énergie due au mouvement des charges électriques;
  - énergie **chimique** – énergie due aux liens chimiques dans la matière;
  - énergie **nucléaire** – énergie due à toute modification au niveau du noyau atomique.
- Dans la majorité de modes de production d'électricité, il se produit une transformation de diverses formes d'énergie en énergie cinétique qui, à son tour, est transmise à un générateur produisant l'électricité.

  Source d'énergie → énergie propre à un mode de production → énergie potentielle → énergie électrique

Pour s'entraîner

Problème 74

Dans le tableau ci-dessous, nommez la forme d'énergie utilisée et la forme d'énergie produite pour chaque appareil.

Appareil	Forme d'énergie utilisée	Forme d'énergie produite
Pile ordinaire		
Pile solaire		
Fer à repasser		
Alternateur		
Centrale à éoliennes		
Centrale au charbon		
Soleil		

Solution

- Une pile ordinaire (la plus simple) comprend deux tiges (électrodes) faites de métaux différents qui baignent dans une solution (électrolyte). La réaction chimique entre l'électrolyte et les deux métaux engendre le courant électrique. Les piles ordinaires utilisent donc l'énergie chimique pour produire de l'énergie électrique.
- Dans une pile solaire (photovoltaïque), les photons (particules qui constituent un faisceau de lumière) entrent en collision avec les électrons des atomes de deux semi-conducteurs différents. Les piles solaires utilisent l'énergie lumineuse du Soleil pour produire directement de l'énergie électrique.
- Dans un fer à repasser, l'énergie électrique est transformée en chaleur, c'est-à-dire en énergie thermique.
- Dans un alternateur, la rotation d'une bobine conductrice dans l'entrefer d'un aimant engendre un courant électrique alternatif dans la bobine.
- Les centrales à éoliennes utilisent l'énergie cinétique du vent pour faire tourner des hélices. Ces hélices, à leur tour, actionnent un alternateur qui produit de l'électricité.
- Dans une centrale au charbon, la combustion du charbon (réaction chimique) donne de la chaleur pour chauffer de l'eau qui se transforme en vapeur. On utilise donc l'énergie chimique pour produire de l'énergie électrique.

– Le soleil est une étoile dont l'énergie provient de réactions nucléaires (transformation de l'hydrogène en hélium).

Réponse :

Appareil	Forme d'énergie utilisée	Forme d'énergie produite
Pile ordinaire	Énergie chimique	Énergie chimique
Pile solaire	Énergie lumineuse	Énergie lumineuse
Fer à repasser	Énergie électrique	Énergie électrique
Alternateur	Énergie mécanique cinétique	Énergie mécanique cinétique
Centrale à éoliennes	Énergie mécanique cinétique	Énergie mécanique cinétique
Centrale au charbon	Énergie chimique	Énergie chimique
Soleil	Énergie nucléaire	Énergie nucléaire

Problème 75

Précisez la succession des transformations d'énergie dans chacun des modes de production d'électricité.

a) Centrale au charbon

	→		→		→	

b) Centrale nucléaire

	→		→		→	

Solutions

a) Dans une centrale au charbon, l'énergie chimique est libérée lors de la combustion du charbon sous forme d'énergie thermique. Cette dernière est transférée à l'eau, qui se transforme en vapeur. Sous l'action de la pression de la vapeur, la turbine est actionnée (énergie cinétique) et, par la suite, l'alternateur est mis en marche (énergie électrique).

b) Les centrales nucléaires utilisent l'énergie dégagée lors d'une réaction nucléaire pour réchauffer de l'eau. Seule la première étape distingue cette centrale d'une centrale thermique classique.

Réponses :

a)

É. chimique	→	É. thermique	→	É. cinétique	→	É. électrique

b)

É. nucléaire	→	É. thermique	→	É. cinétique	→	É. électrique

Problème 76

Les centrales nucléaires, les centrales hydroélectriques, les centrales au charbon et les centrales fonctionnant au diesel sont divers modes de production d'énergie électrique. Tous ces modes comportent des inconvénients pour l'environnement.

Expliquez, pour chacun des modes énumérés ci-dessus, un des inconvénients qu'il comporte pour l'environnement.

Solution et réponse :

Voici les exemples d'inconvénients pour chacune de ces centrales (d'autres réponses sont possibles) :

Type de centrale	Inconvénients pour l'environnement
Nucléaire	gestion des déchets radioactifs
Hydroélectrique	perturbation des habitudes de la faune vivant dans les régions inondées
Au charbon	Rejet de quantités énormes de polluants dans l'atmosphère
Au diesel	Pollution atmosphérique

Pour travailler seul

Problème 77

Un courant électrique est un déplacement de charges dans un conducteur. Pour provoquer ce déplacement, il faut transformer un certain type d'énergie en énergie électrique. Associez correctement la description du processus de transformation au type d'énergie utilisée.

Processus de transformation

A) Un conducteur métallique est amené à se déplacer dans un champ magnétique (ou inversement).

B) Deux électrodes de métaux différents sont en contact avec un électrolyte.

C) Deux conducteurs différents sont joints à leurs extrémités et ces extrémités sont soumises à des températures différentes.

D) Une plaquette formée de deux minces couches de semi-conducteurs de différentes conductibilités est soumise aux radiations solaires.

E) Un cristal est soumis à une contrainte mécanique.

Énergie utilisée

a) Chimique.

b) Thermique.

c) Lumineuse.

d) Mécanique cinétique.

e) Mécanique.

Problème 78

Complétez le tableau ci-dessous.

Mode de production (type de centrale)	Processus de transformation de l'énergie
....	Énergie nucléaire → Énergie thermique (vapeur d'eau) → Énergie mécanique (turbine) → Énergie électrique (alternateur)
Centrale hydroélectrique	Énergie mécanique (eau) → Énergie .... → Énergie ....
....	Énergie lumineuse → Énergie .... → Énergie cinétique (vapeur) → Énergie .... → Énergie électrique (alternateur)
Centrale à éoliennes	.... → Énergie .... → Énergie électrique
Centrale thermique au gaz	Énergie chimique (gaz) → Énergie .... → Énergie cinétique (particules de gaz) → Énergie .... → Énergie électrique (alternateur)
....	Énergie chimique (carburant) → Énergie thermique → Énergie mécanique (moteur) → Énergie électrique (alternateur)

Problème 79

Lesquels des énoncés suivants se rapportant aux centrales hydroélectriques sont vrais ?

1. Les centrales hydroélectriques sont toujours situées près des villes.
2. Les centrales hydroélectriques utilisent une source d'énergie renouvelable.

3. Les centrales hydroélectriques n'ont aucun effet négatif sur l'environnement.
4. Les centrales hydroélectriques présentent l'avantage de ne pas produire de gaz toxiques.

A) 1 et 3. B) 1 et 4. C) 2 et 3. D) 2 et 4.

Problème 80

Quelle centrale électrique utilise une source d'énergie renouvelable pour produire du courant électrique ?

A) Centrale à moteur diesel.
B) Centrale hydroélectrique.
C) Centrale nucléaire.
D) Centrale thermique au charbon.

Problème 81

Quel type de centrale électrique utilise l'énergie chimique comme source d'énergie ?

A) Hydroélectrique.
B) Au charbon.
C) Éolienne.
D) Solaire thermique.

VÉRIFIEZ VOS ACQUIS

Section A

1. Lequel des schémas ci-dessous est une représentation correcte d'un champ magnétique ?

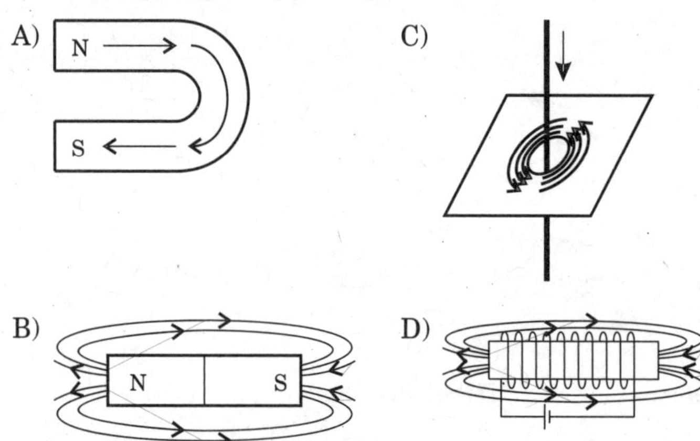

2. Nathalie tente de représenter par un schéma le champ magnétique qu'elle a observé en laboratoire autour d'un solénoïde parcouru par un courant électrique.

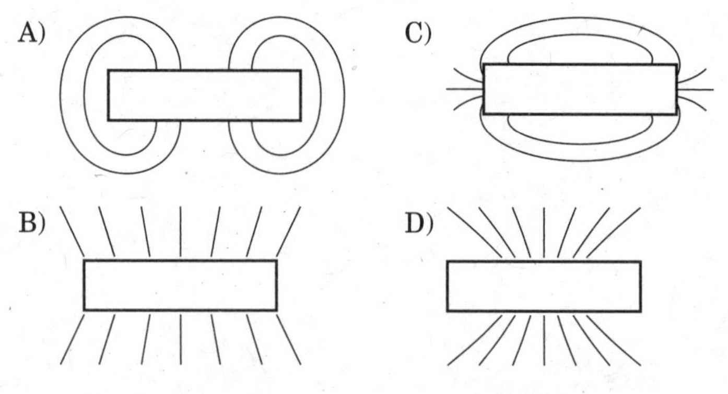

Quel schéma Nathalie devrait-elle utiliser ?

3. Comme l'indique le schéma suivant, vous disposez quatre boussoles sur un plan horizontal, au voisinage d'un conducteur traversé par un courant continu (I). Vous remarquez qu'une des boussoles est défectueuse et qu'elle ne s'oriente pas dans la direction prévue sous l'influence du champ magnétique du courant.

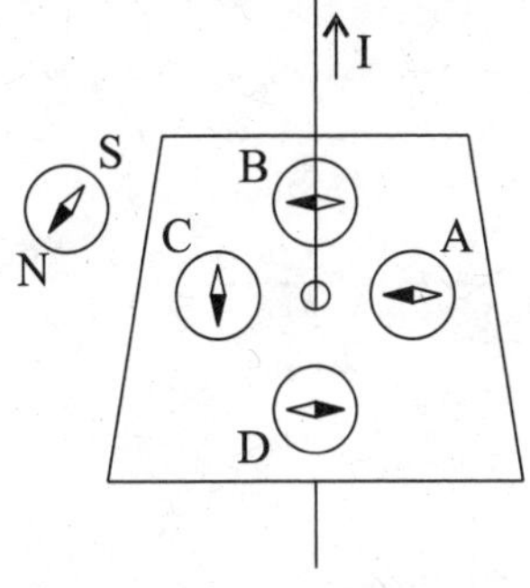

Quelle est la boussole défectueuse ?

A) La boussole A.
B) La boussole B.
C) La boussole C.
D) La boussole D.

4. Les quatre schémas suivants représentent des électro-aimants reliés aux bornes d'une pile.

A) 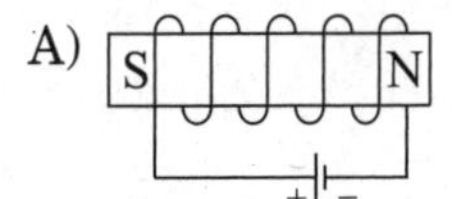

C) 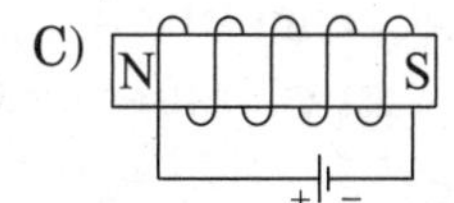

B) 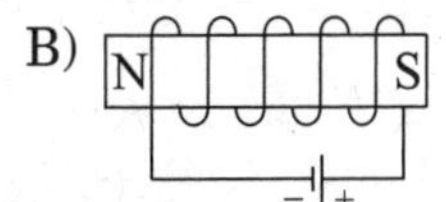

D) 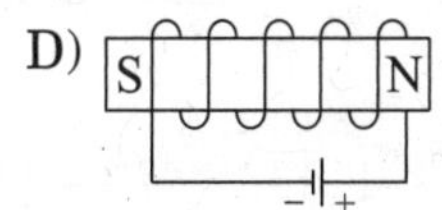

Quels schémas représentent correctement la polarité magnétique de l'électro-aimant?

A) 1 et 3. B) 1 et 4. C) 2 et 4. D) 3 et 4.

5. Après avoir réalisé en laboratoire des expériences sur la force magnétique exercée par un solénoïde, Julie a tracé les quatre graphiques suivants :

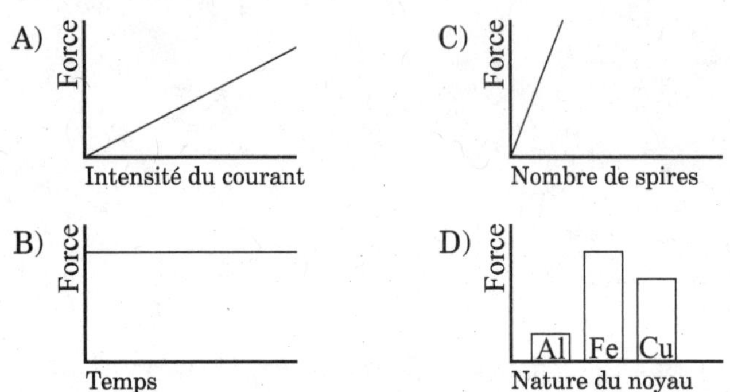

En observant les graphiques, déterminez les variables qui influent sur les forces magnétiques.

A) L'intensité du courant, le temps, le nombre de spires et la nature du noyau.

B) Le temps et la nature du noyau seulement.

C) L'intensité du courant, le nombre de spires et la nature du noyau.

D) L'intensité du courant, le nombre de spires et la nature du noyau.

6. Pour faire varier l'intensité de la lumière d'une ampoule, Stéphane a fait le montage électrique suivant :

L'extrémité M peut toucher au point de contact 1, 2, 3 ou 4.

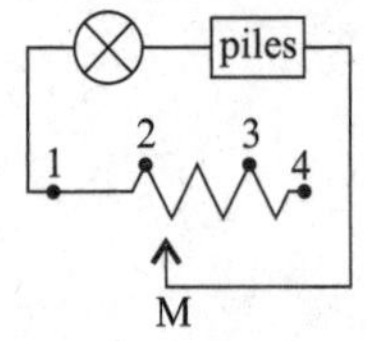

Quel point de contact donne la lumière la plus intense?

A) Le point 1 (situé sur la gaine de caoutchouc).

B) Le point 2 (situé sur le fil de nichrome).

C) Le point 3 (situé sur le fil de nichrome).

D) Le point 4 (situé sur le connecteur de plastique).

7. Le schéma ci-dessous représente un circuit électrique constitué de piles et de deux ampoules électriques identiques.

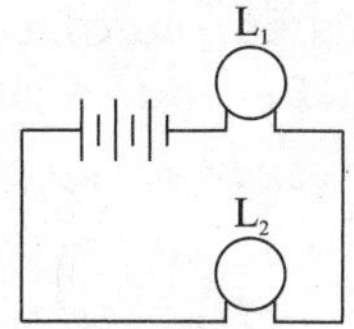

Que peut-on dire de la différence de potentiel aux bornes de l'ampoule L_2 ?

A) Elle est égale au double de la tension aux bornes de l'ampoule L_1.

B) Elle est égale à la moitié de la tension aux bornes de l'ampoule L_1.

C) Elle est la même qu'aux bornes de l'ampoule L_1.

D) Elle est la même qu'aux bornes des piles.

8. Liz et François étudient le circuit électrique illustré ci-dessous.

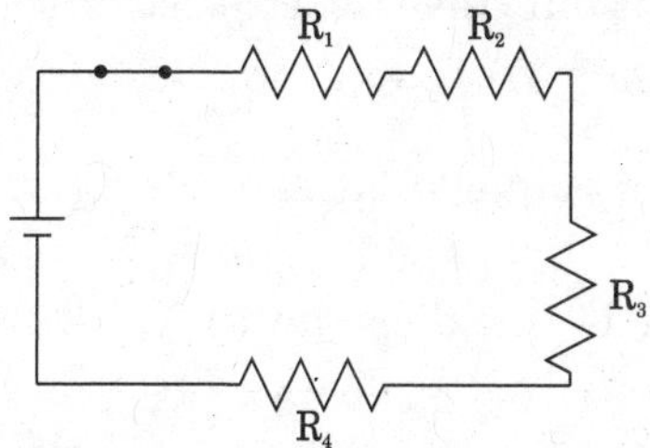

Ils mesurent la tension aux bornes de chacun des résistors. Ils en concluent que la tension aux bornes de la source est égale à la somme des tensions aux bornes de chacun des résistors du circuit.

Êtes-vous d'accord avec leur affirmation et pourquoi ?

A) Oui, parce que c'est un circuit en série.

B) Oui, parce que c'est un circuit en parallèle.

C) Non, parce que c'est un circuit en série.

D) Non, parce que c'est un circuit en parallèle.

9. Vous disposez de six fils conducteurs faits de la même substance et ayant la même longueur : trois d'entre eux ont un diamètre de 1,5 mm et les trois autres, un diamètre de 3,0 mm.

Vous alignez les fils de façon à augmenter la longueur, ou vous les regroupez afin d'augmenter l'aire de la section du conducteur.

Quel agencement de trois fils offre le moins de résistance au passage du courant électrique ?

A) 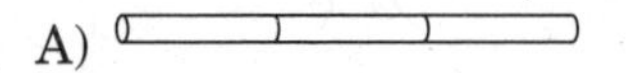

C) 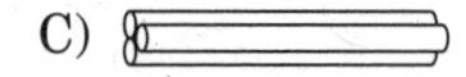

B)

D) 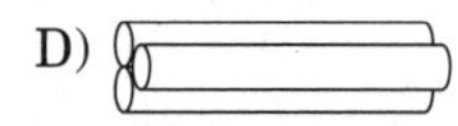

10. La question suivante se rapporte à un résistor ohmique de 30 Ω soumis à une tension de 5,0 V.

U = 5,0 V

R = 30 Ω

Quelle est l'intensité du courant qui traverse le résistor ?

A) 0,17 A. B) 6,0 A. C) 35 A. D) 150 A.

11. Parmi les utilisations suivantes, laquelle nécessite le plus d'énergie ?

A) Faire passer la température de 10 g d'eau de 10 °C à 22 °C.

B) Faire passer la température de 10 g d'eau de 43 °C à 55 °C.

C) Faire passer la température de 20 g d'eau de 72 °C à 78 °C.

D) Faire passer la température de 20 g d'eau de 30 °C à 42 °C.

12. Aramis utilise un batteur électrique pour fouetter de la crème dans un récipient.

La puissance du moteur est de 10 W.

Après avoir fait fonctionner le batteur pendant 5 min, il calcule que la crème a absorbé 1 200 J sous forme d'énergie thermique et mécanique.

Quelle quantité d'énergie électrique consommée par le moteur du batteur n'a pas été absorbée par la crème ?

A) 50 J. B) 1 150 J. C) 1 800 J. D) 3 000 J.

13. Pascal fait fonctionner quatre appareils électriques pendant une heure. Les plaques signalétiques ci-dessous montrent les caractéristiques de chaque appareil.

Quel appareil a consommé le plus d'énergie électrique ?

A) Micro-ordinateur	120 V	216 W	1,8 A
B) Jeu vidéo	120 V	18 W	0,15 A
C) Radio	120 V	36 W	0,3 A
D) Téléviseur	120 V	240 W	2,0 A

14. À Tracy, on fait brûler de l'huile pour produire de l'électricité. Certaines personnes prétendent que ce procédé n'a pas d'effet sur l'environnement.

Êtes-vous d'accord avec cette affirmation et pourquoi ?

A) Non, parce que la combustion dégage des gaz qui acidifient les pluies et du gaz carbonique.

B) Oui, parce que l'huile brûle sans produire de fumée visible.

C) Non, parce que la combustion produit un déchet radioactif.

D) Oui, parce que la chaleur dégagée par la fumée réchauffe l'atmosphère avoisinante.

Section B

1. Deux boules A et B chargées sont suspendues.

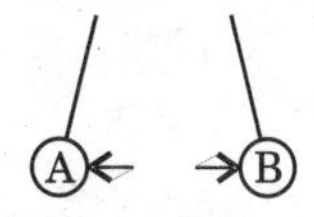

Lorsqu'elles sont près l'une de l'autre, on observe une répulsion. Lorsqu'on rapproche une boule C chargée de la boule B chargée, on observe une attraction.

Lorsqu'on place la boule C près de la boule A, il y a également attraction.

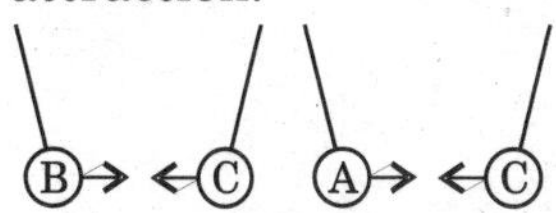

Que peux-on conclure de cette expérience à propos des charges des boules A, B et C ?

2. Dans une aciérie, on utilise une grue mécanique munie d'un électro-aimant puissant suspendu au bout d'un câble pour déplacer ou charrier des pièces de ferraille de toutes dimensions et de toutes formes.

   Pourquoi utilise-t-on un électro-aimant plutôt qu'un aimant naturel?

3. L'analyse en laboratoire d'un élément de circuit soumis à diverses tensions vous a permis de tracer le graphique ci-dessous.

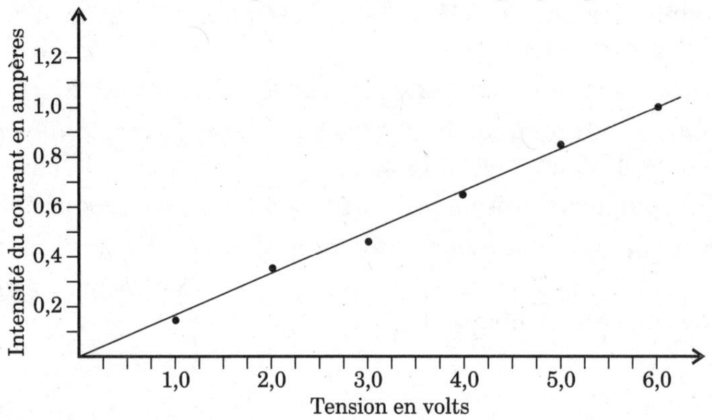

   Déterminez la conductance de cet élément de circuit.

4. Karl voudrait remplacer un résistor de sa radio, mais il en ignore la conductance. Il mesure alors différentes intensités de courant lorsque la tension varie. Les valeurs sont représentées sur le graphique suivant.

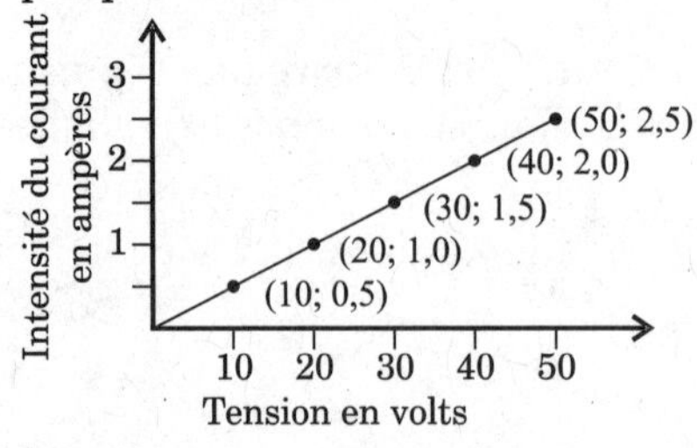

   Quelle est la conductance du résistor ?

5. Le graphique ci-dessous représente l'intensité (I) du courant électrique en fonction de la différence de potentiel (U) appliquée aux bornes de deux appareils électriques A et B.

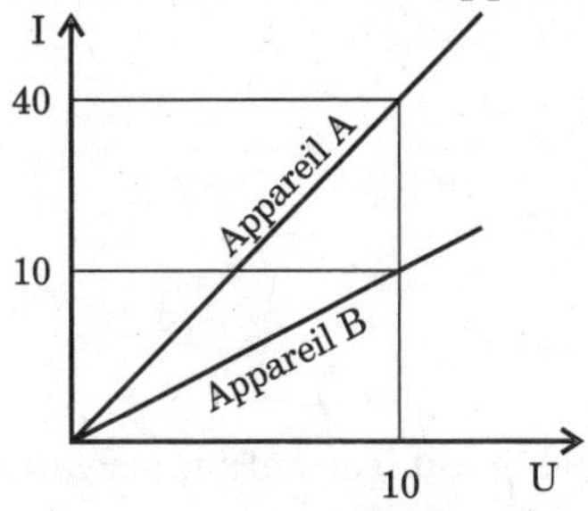

Lequel des deux appareils a la plus grande conductance ? Expliquez votre réponse.

6. Le circuit ci-dessous comporte 4 résistors dont les valeurs sont respectivement de 2 Ω, 4 Ω, 5 Ω et 7 Ω.

$R_1 = 2\ \Omega$ $R_2 = 4\ \Omega$

9 V

A

I = ? A

$R_4 = 5\ \Omega$ $R_3 = 7\ \Omega$

Quelle est la valeur indiquée par l'ampèremètre ?

7. Le circuit électrique ci-dessous comporte 3 résistors et 5 ampèremètres numérotés de 1 à 5.

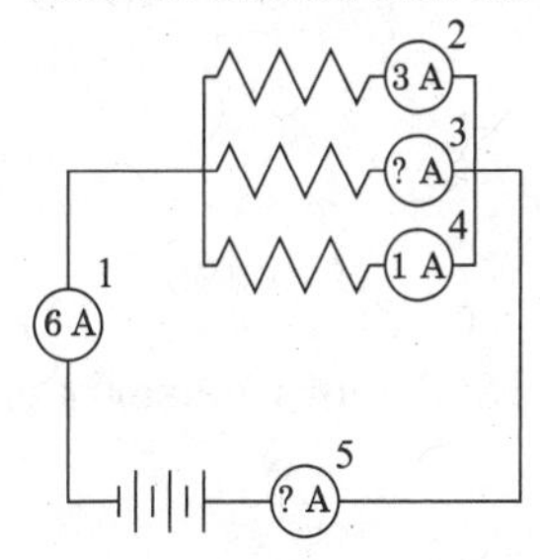

a) Quelle intensité de courant lit-on sur l'ampèremètre 3 ?

b) Quelle intensité de courant lit-on sur l'ampèremètre 5 ?

8. Un élève monte le circuit n° 1 et y indique des données concernant les résistors.

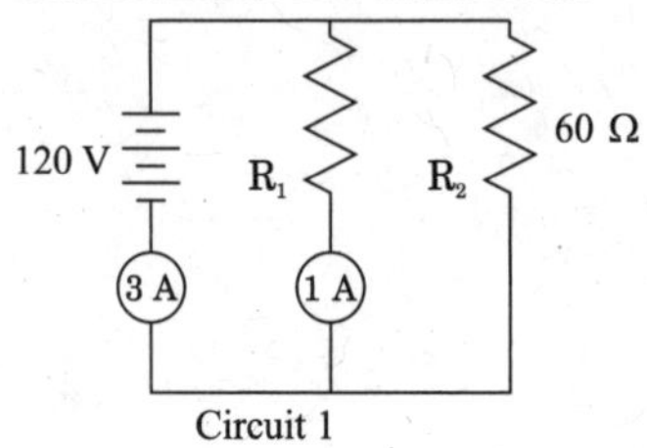

Circuit 1

Avec les éléments du circuit n° 1, l'élève fait le montage suivant :

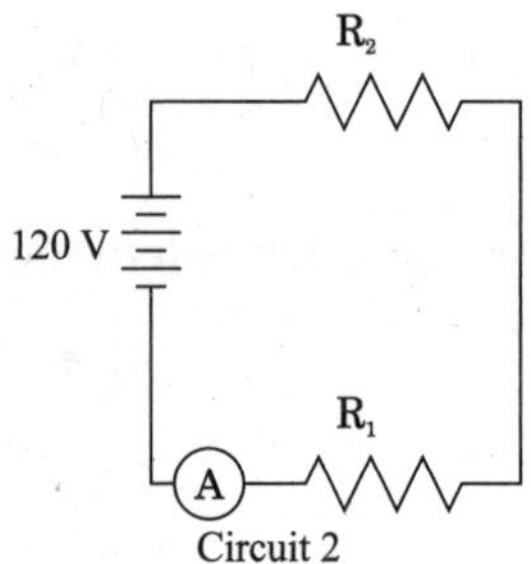

Circuit 2

Quelle est la valeur affichée par l'ampèremètre A ?

Laissez les traces de toutes les étapes de votre démarche.

9. Un élève dispose du montage ci-dessous :

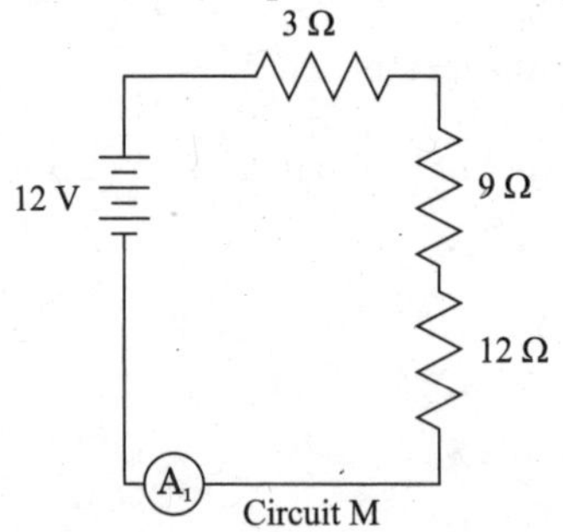

Circuit M

En utilisant des composantes du circuit M, il veut réaliser le circuit N.

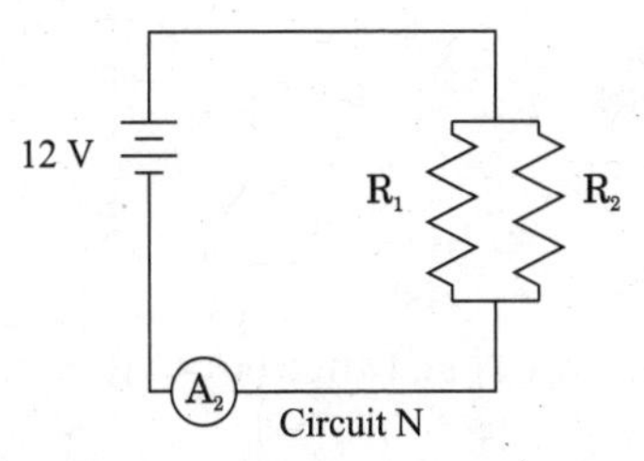

Circuit N

Il veut que l'intensité du courant (I_2) dans le circuit N soit 10 fois plus grande que celle dans le circuit M.

Quels résistors doit-il utiliser ?

Laissez les traces de votre démarche.

10. Deux circuits électriques comprennent différents résistors montés différemment.

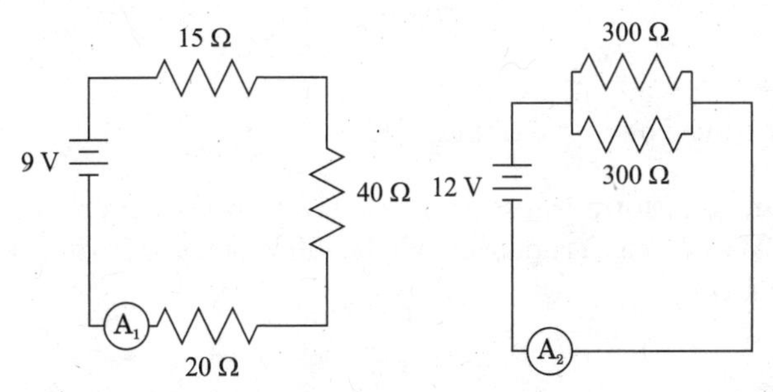

Quel ampèremètre indique la plus grande intensité de courant ?

Laissez les traces de votre démarche.

11. Le résistor R du circuit électrique illustré ci-dessous doit être remplacé par une résistance équivalente.

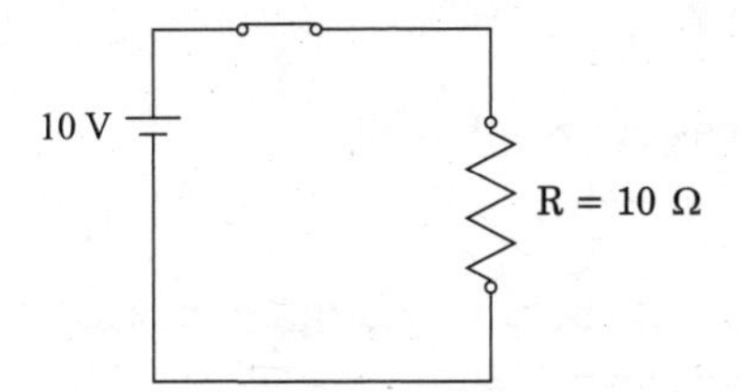

Vous disposez seulement des 6 résistors de remplacement suivants :

5 Ω 20 Ω 40 Ω

15 Ω 20 Ω 40 Ω

Quel montage vous permet d'avoir une résistance équivalente au résistor R ?

Laissez les traces de votre démarche.

12. Quelle est la résistance équivalente du circuit suivant ?

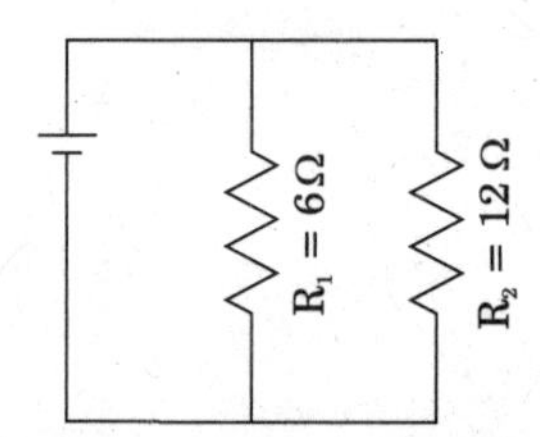

Laissez les traces de votre démarche.

13. François fait fonctionner une ampoule (L) de 60 W et repasse ses vêtements avec un fer à repasser (F) de 600 W. La durée du repassage est de 1 h 30.

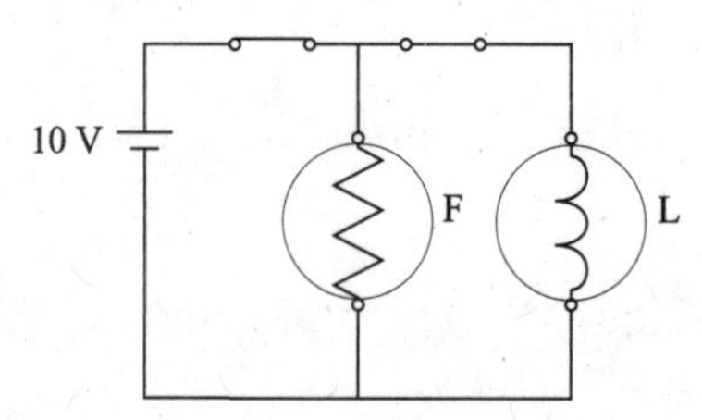

Hydro-Québec facture 0,048 $\$/_{\text{kW/h}}$.

Combien a coûté l'usage de ces deux appareils ?

Laissez les traces de votre démarche.

14. On désire remplacer le moteur de la hotte du laboratoire. L'entrepreneur propose deux types de moteurs.

Voici leurs principales caractéristiques :

Moteur 1 : 110 V 2,0 A 210 \$ (coût à l'achat)

Moteur 2 : 110 V 1,4 A 230 \$ (coût à l'achat)

Le moteur de la hotte devra fonctionner 24 heures par jour, 365 jours par année.

Le coût du kWh est de 0,05 $.

Lequel des deux moteurs est le plus économique après une année d'utilisation, compte tenu de son coût à l'achat ?

Laissez les traces de votre démarche.

15. Un élément chauffant baigne dans un becher contenant 1 000 g d'eau. On applique une certaine tension sur le résistor. Un courant y circule pendant un certain temps. L'énergie électrique consommée par le résistor est de 350 kJ.

Pendant ce temps, la température des 1 000 g d'eau passe de 15 °C à 90 °C.

Calculez la quantité d'énergie électrique qui ne se trouve pas sous forme calorifique dans l'eau.

Laissez les traces de votre démarche.

Module III

Phénomènes ioniques

1- Les acides, les bases et les sels

1.1 Propriétés des acides, des bases et des sels

1.2 Liaisons ioniques et liaisons covalentes

1.3 Électrolytes et non-électrolytes

2- Les solutions

2.1 Soluté, solvant et concentration

3- Les indicateurs

3.1 Indicateur acido-basique, échelle de pH et point de virage

4- Les réactions chimiques

4.1 Neutralisation, loi de conservation de la matière et équation équilibrée

5- Les précipitations acides

5.1 Pluies acides, effet de serre et couche d'ozone

Vérifiez vos acquis

1 - LES ACIDES, LES BASES ET LES SELS

1.1 Propriétés des acides, des bases et des sels

L'ESSENTIEL

- Les propriétés qui permettent d'identifier et de distinguer les acides, les bases et les sels en solution sont :
  - le goût;
  - la réaction sur le papier tournesol;
  - la réaction avec des métaux;
  - la conductibilité (*).
- La formule chimique d'un acide contient un ou plusieurs atomes d'hydrogène (H), dont le symbole est en général placé **au début** de la formule (**).
- La formule chimique d'une base contient un ou plusieurs radicaux **OH** (hydroxyde) placés **à la fin** de la formule et un **métal** ou le radical **NH_3** placé **au début** de la formule.
- La formule d'un sel contient un **métal** ou le radical **NH_3**, placé en général au début, et un **non-métal** ou un **radical**, autre que OH, placé **à la fin** de la formule.
- Les sels, en général, sont des substances neutres, ils ne changent pas la couleur du papier tournesol. Cependant, il existe des sels à caractère acide et d'autres à caractère basique (***).

Attention

*	*Les acides, les bases et les sels* ***solides*** *ne conduisent pas le courant électrique. Ils n'ont aucun effet sur le papier tournesol.*
**	*Le H dans la formule de l'acide acétique se trouve à la fin (CH_3COO**H**).*

Remarques

*	*La conductibilité est une propriété commune des acides, des bases et des sels.*
***	*Les sels acides agissent comme des acides et les sels basiques agissent comme des bases sur le papier tournesol.*

Pour s'entraîner

Problème 1

Voici une liste de propriétés appartenant à certaines solutions :

rougit le papier tournesol; bleuit le papier tournesol; conduit le courant électrique; ne conduit pas le courant électrique; goût amer; goût aigre; texture visqueuse; en réaction avec un métal, dégage de l'hydrogène.

Classez ces propriétés dans un tableau selon qu'elles appartiennent à des solutions acides, basiques ou salines.

Solution

Conseil

Il faut ici se remémorer les résultats de vos expériences sur les acides, les bases et les sels.

Attention

Une même propriété peut appartenir à plusieurs types de solutions.

Un acide en solution aqueuse rougit le papier tournesol, conduit le courant électrique, possède un goût aigre et dégage de l'hydrogène lorsqu'il est mis en réaction avec un métal.

Une base en solution aqueuse bleuit le papier tournesol, conduit le courant électrique, possède une texture visqueuse et un goût amer.

Une solution saline conduit le courant électrique.

Réponse :

Propriété	Solution		
	acide	**basique**	**saline**
Rougit le papier tournesol.	√		
Bleuit le papier tournesol.		√	
Conduit le courant électrique.	√	√	√
Ne conduit pas le courant électrique.			
A un goût amer.		√	
A un goût aigre.	√		
A une texture visqueuse.		√	
En réaction avec un métal, dégage de l'hydrogène.	√		

Problème 2

Complétez le texte ci-dessous en utilisant les termes de la liste.

OH^-, négatif, acide, hydroxyde, radical, OH, métal.

La présence de l'ion hydrogène, H^+, caractérise la molécule d'un _________. Les composés NaOH et KOH ont en commun le radical _____ nommé _____________. La présence de l'ion _____ caractérise la molécule d'une base. Les sels sont formés d'un ion positif et d'un ion ________. Plusieurs sels sont formés d'un ________ et d'un non-métal, les autres, d'un métal et d'un __________ autre que ______.

Réponse :

La présence de l'ion hydrogène H^+ caractérise la molécule d'un **acide**. Les composés NaOH et KOH ont en commun le radical **OH** nommé **hydroxyde**. La présence de l'ion **OH^-** caractérise la molécule d'une base. Les sels sont formés d'un ion positif et d'un ion

négatif. Plusieurs sels sont formés d'un **métal** et d'un non-métal, les autres, d'un métal et d'un **radical** autre que **OH**.

Problème 3

Classez les substances suivantes en trois catégories : acides, bases et sels.

H_2S, KOH, $MgSO_4$, K_2CO_3, H_2CO_3, $Al(OH)_3$, $NaHCO_3$, HNO_3, NaOH, KCl, Li_2S, H_2O, NH_4OH, H_2SO_4, $FeCl_3$.

Solution

Remarque

> *L'eau pure, H_2O, ne conduit pas le courant électrique et ne réagit pas avec le papier tournesol comme le font les acides et les bases. Même si la formule moléculaire comprend le H et le OH, l'eau n'est ni un acide ni une base, c'est une substance neutre.*

Réponse :

Acides	Bases	Sels
H_2S	KOH	$MgSO_4$
H_2CO_3	$Al(OH)_3$	K_2CO_3
HNO_3	NaOH	$NaHCO_3$
H_2SO_4	NH_4OH	KCl
		Li_2S
		$FeCl_3$

Problème 4

Classez les substances suivantes en trois catégories : sels acides, sels basiques et sels neutres.

$MgSO_4$, $(NH_4)_2SO_4$, $NaHCO_3$, Na_2CO_3, KI, $Al_2(SO_4)_3$, NH_4Cl, CH_3COONa, KNO_3.

Solution

Certains sels dont les molécules contiennent des ions d'ammonium (NH_4^+) ou d'aluminium (Al_3^+) présentent des propriétés acides.

Certains sels dont les molécules contiennent des ions de carbonate (CO_3^{-2}), de bicarbonate (HCO_3^-) ou d'acétate (CH3COO$^-$), présentent des propriétés basiques.

Réponse :

Sels acides	Sels basiques	Sels neutres
$(NH_4)_2SO_4$	$NaHCO_3$	$MgSO_4$
$Al_2(SO_4)_3$	Na_2CO_3	KI
NH_4Cl	CH_3COONa	KNO_3

Pour travailler seul

Problème 5

Voici une liste de propriétés de substances en solution aqueuse :

goût amer; conductibilité électrique; réaction avec le papier tournesol; réaction avec les métaux.

a) Parmi ces propriétés, laquelle ou lesquelles permettent de classer ces substances en bases, en acides, ou en sels ?

b) Quelle propriété est commune aux bases, aux acides et aux sels ?

Problème 6

Au laboratoire, dans la section des acides, des bases et des sels, on trouve cinq bouteilles remplies de solutions inconnues. Sur l'étiquette de chaque bouteille, on trouve les indications suivantes.

Solution 1 :
N'a aucun effet sur le papier tournesol.

Solution 2 :
Laisse passer le courant électrique et bleuit le papier tournesol.

Solution 3 :
Laisse passer le courant électrique et possède un goût salé.

Solution 4 :
Laisse passer le courant électrique.

Solution 5 :
Laisse passer le courant électrique et réagit avec le magnésium.

Identifiez, quand c'est possible, les solutions contenues dans les cinq bouteilles.

Problème 7

Associez chaque élément de la première colonne à celui qui convient dans la deuxième.

A) Acide — a) La formule moléculaire contient le radical OH.

B) Base — b) La formule moléculaire ne contient ni le radical OH, ni le H.

C) Sel — c) La formule moléculaire commence par un H.

Problème 8

Voici une liste de quatre substances chimiques :

1. H_2SO_4; 2. $Ca(OH)_2$; 3. MgCl2; 4. C_2H_5OH.

Parmi ces substances, laquelle est une base ?

Problème 9

Après à une expérience, un élève a classé des substances en cinq groupes dans le tableau suivant.

H_2SO_4 HNO_3 CH_3COOH	NaCl KI $MgSO_4$	KOH $Mg(OH)_2$ NH_3OH	$NaHCO_3$ Na_2CO_3	$NaHSO_4$ $Al_2(SO_4)_3$

Indiquez les titres des colonnes.

1.2 Liaisons ioniques et liaisons covalentes (SCP 436)

L'ESSENTIEL

- Le **lien ionique** est un lien résultant de l'attraction entre un ion positif, cation, et un ion négatif, anion, formés à la suite d'un

transfert de un ou plusieurs électrons entre un métal et un non-métal (*).

- L'attraction entre un cation et un anion résulte de la force électrostatique qui retient ces deux ions ensemble.
- Le **lien covalent** est un lien résultant du **partage** d'une ou plusieurs paires d'électrons entre deux non-métaux.
- L'**électronégativité** d'un élément, c'est sa tendance à enlever un électron à un autre élément.
- La **différence d'électronégativité** entre deux éléments donne des informations sur le type de la liaison qui peut être formée entre deux atomes de ces éléments.

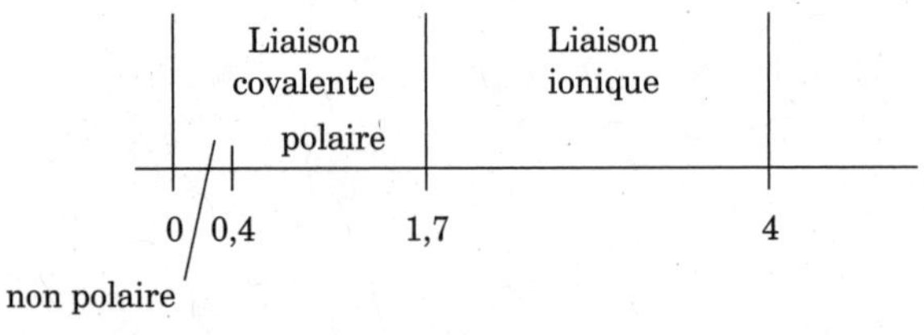

Remarque

* *Dans la liaison ionique, le métal cède un ou plusieurs électrons de valence et devient l'ion positif, et le non-métal les acquiert et devient l'ion négatif.*

Pour s'entraîner

Problème 10 (SCP 436)

De quel type de liaison est-il question dans chacun des énoncés suivants ?

a) Partage d'une ou plusieurs paires d'électrons entre deux atomes.
b) Attraction entre un cation et un anion.
c) Union d'un métal et d'un non-métal.
d) Union d'un non-métal et d'un autre non-métal.
e) Transfert d'électrons d'un atome à un autre.
f) Union de deux ions par une force électrostatique.
g) Le fait que chaque atome possède une configuration électronique du gaz inerte le plus proche.

h) Deux ions qui possèdent la configuration électronique du gaz inerte le plus proche.

Solution

Conseil

Pour bien identifier les deux types de liaisons, classez d'abord toutes les caractéristiques de chaque liaison dans un tableau.

Liaison ionique	Liaison covalente
– Liaison qui résulte de l'attraction entre un cation et un anion. – Liaison formée par le transfert d'électrons. – Liaison établie par la force électrostatique qui retient deux ions de charges contraires. – Liaison entre l'ion d'un métal et l'ion d'un non-métal. – Liaison entre deux atomes de deux éléments dont la différence d'électronégativité est supérieure à 1,7.	– Liaison formée par un partage d'électrons. – Liaison qui retient deux atomes d'éléments non-métaliques dans une molécule. – Liaison entre deux atomes de deux éléments dont la différence d'électronégativité est inférieure à 1,7.

Réponse :

Les énoncés b, c, e, f et h désignent des cas de liaison ioniques.

Les énoncés a, d et g désignent des cas de liaison covalente.

Problème 11 (SCP 436)

Classez les substances de la liste suivante en deux catégories : celles où les liaisons intramoléculaires sont ioniques et celles où elles sont covalentes.

KCl, N_2, Na_2O, NH_3, HCl, KF, H_2O, S_2O_3, MgO, O_2.

Solution

Conseil

> *Même si la différence d'électronégativité est un moyen facile à utiliser, il faut toujours vérifier si la liaison unit un métal et un non-métal ou deux non-métaux.*

KCl : Liaison ionique; K est un métal et Cl est un non-métal.

N_2 : Liaison covalente; la différence d'électronégativité est nulle.

Na_2O : Liaison ionique; Na est un métal et O est un non-métal.

NH_3 : Liaison covalente; deux non-métaux.

HCl : Liaison covalente; deux non-métaux.

KF : Liaison ionique; K est un métal et F est un non-métal.

H_2O : Liaison covalente; deux non-métaux.

S_2O_3 : Liaison covalente; deux non-métaux.

MgO : Liaison ionique; Mg est un métal et O est un non-métal.

O_2 : Liaison covalente; la différence d'électronégativité est nulle.

Réponses :

Liaisons ioniques : KCl, Na_2O, KF, MgO.

Liaisons covalentes : N_2, NH_3, HCl, H_2O, S_2O_3, O_2.

Problème 12 (SCP 436)

Parmi les figures ci-dessous, trouvez celle qui illustre la représentation structurale de Lewis de la molécule formée de silicium (groupe IVA) et de fluor (groupe VIIA).

A)

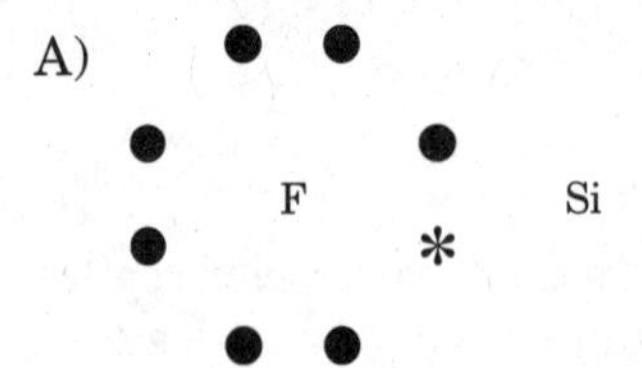

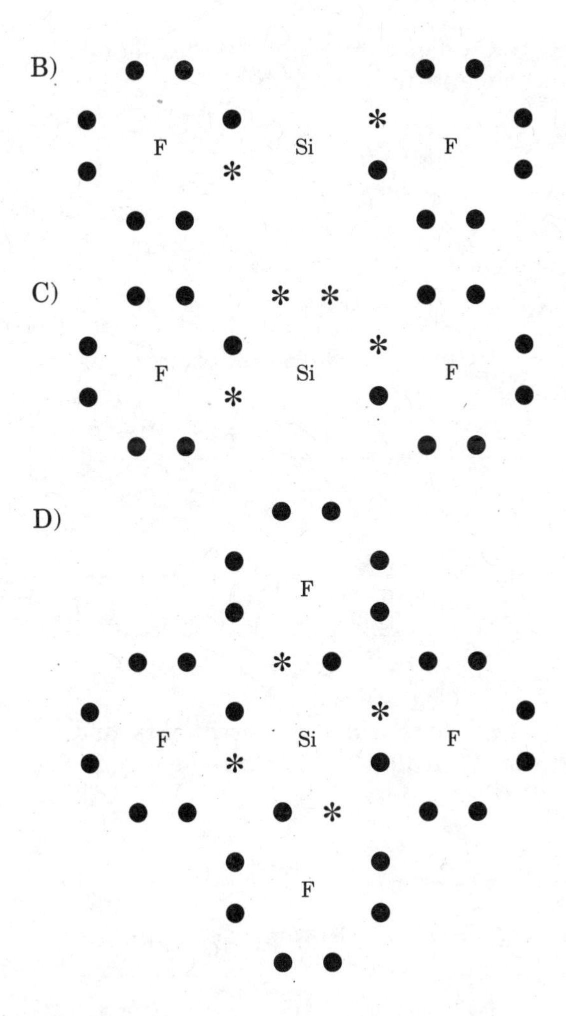

Solution

Le fluor et le silicium sont des non-métaux; la substance formée de ces deux éléments est donc une substance à liaisons covalentes. Chaque élément tend à prendre la configuration électronique du gaz inerte le plus rapproché dans le tableau périodique, soit la configuration la plus stable possible. Dans le cas du silicium, le gaz inerte le plus proche est l'argon, et dans le cas du fluor, c'est le néon. Pour avoir la configuration de l'argon, le silicium doit avoir 4 électrons de plus. Pour rejoindre la configuration électronique du néon, le fluor doit avoir 1 électron de plus. C'est en partageant les électrons du dernier niveau que les deux éléments forment du SiF_4.

Réponse :

D.

Problème 13 (SCP 436)

Complétez le tableau ci-dessous.

Composé ionique	**Cation**	**Anion**	**Somme des charges**
Na_2O	Na^{1+}	O^{2-}	$2\times(+1)+1\times(-2) = 0$
$CuCl_2$			
CuO			
$BaBr_2$			

Solution

En tenant compte de la charge de chacun des constituants du composé ionique (cation et anion), il faut vérifier que la somme des charges est nulle.

Réponse :

Composé ionique	**Cation**	**Anion**	**Somme des charges**
Na_2O	Na^{1+}	O^{2-}	$2\times(+1)+1\times(-2) = 0$
$CuCl_2$	Cu^{2+}	Cl^{1-}	$1\times(+2)+2\times(-1) = 0$
CuO	Cu^{2+}	O^{2-}	$1\times(+2)+1\times(-2) = 0$
$BaBr_2$	Ba^{2+}	Br^{1-}	$1\times(+2)+2\times(-1) = 0$

Problème 14 (SCP 436)

Associez les noms des radicaux à leur formule.

1.	Chromate	A)	$(SO_3)^{2-}$
2.	Dichromate	B)	$(ClO)^{1-}$
3.	Chlorite	C)	$(CO_3)^{2-}$
4.	Chlorate	D)	$(OH)^{1-}$
5.	Carbonate	E)	$(SO_4)^{2-}$
6.	Sulfite	F)	$(ClO_2)^{1-}$
7.	Sulfate	G)	$(CrO_4)^{2-}$
8.	Hypochlorite	H)	$(Cr_2O_7)^{2-}$
9.	Hydroxyde	I)	$(ClO_3)^{1-}$
10.	Nitrate	J)	$(NO_3)^{1-}$

Réponses :

1 et G. 2 et H. 3 et F. 4 et I. 5 et C.

6 et A. 7 et E. 8 et B. 9 et D. 10 et J.

Problème 15 (SCP 436)

Trouvez les charges des radicaux des composés suivants.

Composé	Charge de l'ion métallique	Radical et sa charge
$NaNO_3$	Na^{1+}	
$BaSO_4$	Ba^{2+}	
$MgSO_3$	Mg^{2+}	
Li_2CO_3	Li^{1+}	
$CoCr_2O_7$	Co^{2+}	

Réponse :

Composé	Charge de l'ion métallique	Radical et sa charge
$NaNO_3$	Na^{1+}	$(NO_3)^{1-}$
$BaSO_4$	Ba^{2+}	$(SO_4)^{2-}$
$MgSO_3$	Mg^{2+}	$(SO_3)^{2-}$
Li_2CO_3	Li^{1+}	$(CO_3)^{2-}$
$CoCr_2O_7$	Co^{2+}	$(Cr_2O_7)^{2-}$

Problème 16 (SCP 436)

Trouvez la charge portée par l'élément indiqué dans chaque particule.

N dans $(NO_3)^{1-}$

N dans $AgNO_3$

S dans H_2SO_4

C dans $(CO_3)^{2-}$

Mn dans $HMnO_4$

Solution

La somme algébrique des charges portées par chacun des composants d'une particule donne la charge de la particule.

Soit x la charge de N dans la particule (NO_3) dont la charge est de –1.

On a alors $x + 3 \times (-2) = -1 \Rightarrow x = +5$.

Soit x la charge de N dans la particule $(AgNO_3)$ dont la charge est nulle.

On a alors $1 \times (+1) + x + 3 \times (-2) = 0 \Rightarrow x = +5$.

Soit x la charge de S dans la particule H_2SO_4 dont la charge est nulle.

On a alors $2 \times (+1) + x + 4 \times (-2) = 0 \Rightarrow x = +6$.

Soit x la charge de C dans la particule (CO_3) dont la charge est de –2.

On a alors $x + 3 \times (-2) = -2 \Rightarrow x = +4$.

Soit x la charge de Mn dans la particule $HMnO_4$ dont la charge est nulle.

On a alors $1 \times (+1) + x + 4 \times (-2) = 0 \Rightarrow x = +7$.

Réponses :

La charge de N dans $(NO_3)^{1-}$ est +5.

La charge de N dans $AgNO_3$ est +5.

La charge de S dans H_2SO_4 est +6.

La charge de C dans $(CO_3)^{2-}$ est +4.

La charge de Mn dans $HMnO_4$ est +7.

Pour travailler seul

Problème 17 (SCP 436)

Classez les substances de la liste suivante dans le tableau.

H_2, CO_2, $MgCl_2$, CO, $CuCl_2$, $BaBr_2$, Cl_2, CuO.

Liaison ionique	Liaison covalente

Problème 18 (SCP 436)

Complétez le tableau ci-dessous.

Composé ionique	Cation	Anion	Somme des charges
K_2S			$2\times(+1)+1\times(-2) = 0$
$CaCl_2$			
BaS			

Problème 19 (SCP 436)

Quel énoncé décrit correctement la notion de radical ?

A) Une particule faite de plusieurs atomes.

B) Un ion monoatomique positif ou négatif.

C) Un ion polyatomique.

D) Un groupement d'atomes.

Problème 20 (SCP 436)

Trouvez les charges des radicaux des composés suivants.

Composé	Ion métallique	Radical et sa charge
$Ca_3(PO_4)_2$	Ca^{2+}	
CH_3COOK	K^{1+}	
$Mg(OH)_2$	Mg^{2+}	
Li_2CrO_4	Li^{1+}	
$Co(ClO)_2$	Co^{2+}	

Problème 21 (SCP 436)

Vrai ou faux ?

a) La charge de P dans $CaHPO_4$ est 4+.

b) La charge de Cl dans les radicaux $(ClO_2)^{1-}$ et $(ClO_3)^{1-}$ est la même.

c) La charge de S dans le H_2SO_4 et dans le H_2SO_3 est différente.

d) La charge de N dans NH_4Cl est la même que dans HNO_3.

1.3 Électrolytes et non-électrolytes

L'ESSENTIEL

- Un **électrolyte** est une substance qui, dissoute dans l'eau, permet le passage du courant électrique. La solution de cette substance est dite **électrolytique**.
- Les molécules d'un **électrolyte fort** se dissocient (s'ionisent) complètement dans l'eau, alors que les molécules d'un **électrolyte faible** se dissocient (s'ionisent) partiellement (*).
- Un **non-électrolyte** est une substance qui, dissoute dans l'eau, ne permet pas le passage du courant électrique. Les molécules d'un non-électrolyte ne se dissocient pas dans l'eau (**).

Remarques

*	*Un électrolyte fort se distingue d'un électrolyte faible par son taux de dissociation.*
**	*Les molécules d'un non-électrolyte demeurent à l'état moléculaire dans la solution aqueuse.*

Pour s'entraîner

Problème 22

Vrai ou faux ?

a) Un électrolyte est une substance qui, à l'état solide, laisse passer le courant électrique.

b) Un non-électrolyte est une substance qui n'est pas soluble dans l'eau.

c) Un électrolyte est une substance qui permet le passage de la chaleur.

d) Une substance qui, dissoute dans l'eau, laisse passer le courant électrique est un électrolyte.

Solutions et réponses :

a) Faux. Un électrolyte laisse passer le courant électrique seulement quand il est en solution aqueuse.

b) Faux. La définition de non-électrolyte n'a pas de rapport avec la solubilité dans l'eau.

c) Faux. Le passage de la chaleur ne dépend pas du fait que la substance soit un électrolyte ou non.

d) Vrai.

Problème 23 (SCP 436)

Lesquelles des propositions suivantes sont vraies ?

A) Un électrolyte faible se dissocie complètement dans l'eau.

B) Une molécule d'un non-électrolyte ne se sépare pas en ions lorsqu'elle se trouve dans l'eau.

C) Les particules responsables du passage du courant électrique dans une solution aqueuse électrolytique sont des ions.

D) Le taux de dissociation d'un électrolyte fort est plus élevé que celui d'un électrolyte faible.

Solution

Les molécules d'un électrolyte faible se dissocient partiellement dans une solution aqueuse.

Les molécules d'un non-électrolyte demeurent à l'état moléculaire lorsqu'elles sont dissoutes dans l'eau.

D'une part, les électrons libérés par des ions négatifs se déplacent dans le fil électrique, d'autre part, ils sont captés par les ions positifs qui se trouvent dans la solution aqueuse électrolytique (*).

Les molécules d'un électrolyte fort se dissocient complètement, ce qui donne un taux de dissociation très élevé.

Attention

* *Ce ne sont pas les électrons qui se déplacent dans la solution électrolytique. C'est le déplacement des ions positifs et négatifs qui permet aux électrons de se déplacer dans le fil conducteur.*

Réponse :

B, C et D.

Problème 24

Classez les substances suivantes en électrolytes et en non-électrolytes.

sucre, vinaigre, glycérine, eau salée, eau distillée, eau de mer, HCl, NaOH.

Solution

Grâce aux expériences que vous avez faites au laboratoire, vous pouvez répondre à cette question.

Attention

Les acides, les bases et les sels sont tous des électrolytes.

Réponse :

Électrolytes : vinaigre, eau salée, eau de mer, HCl, NaOH.

Non-électrolytes : sucre, glycérine, eau distillée.

Problème 25 (SCP 436)

Dans une solution aqueuse, 4 molécules d'acide acétique sur 1 000 s'ionisent.

A) On peut alors dire que l'acide acétique est un électrolyte fort.

B) On peut alors dire que l'acide acétique est un électrolyte faible.

C) On peut alors dire que l'acide acétique est un non-électrolyte.

D) On ne peut rien affirmer.

Solution

L'ionisation de 4 molécules sur 1 000 représente un taux d'ionisation de 0,4 %. Le taux d'ionisation étant très bas, cet acide est un électrolyte faible.

Réponse :

B.

Pour travailler seul

Problème 26

Dans la liste ci-dessous, choisissez les substances qui, dissoutes dans l'eau, laissent passer le courant électrique.

CO_2, CH_3OH, KCl, C_3H_8, $AlCl_3$, CH_4, H_2SO_4.

Problème 27 (SCP 436)

Parmi les énoncés ci-dessous, choisissez ceux qui sont vrais.

A) Un électrolyte fort et un électrolyte faible ont la même conductibilité électrique.

B) Les ions d'un électrolyte faible sont faiblement chargés.

C) Un électrolyte faible se dissocie partiellement.

D) Les molécules d'un non-électrolyte ne se décomposent pas en ions dans une solution aqueuse.

E) Le NaCl à l'état solide laisse passer le courant électrique.

2 - LES SOLUTIONS

2.1 Soluté, solvant et concentration

L'ESSENTIEL

- Un **soluté** est une substance qui, dissoute dans un **solvant**, forme une **solution** (un mélange homogène). Puisque c'est le soluté qui est dissous, c'est celui-ci qui sera le constituant le moins abondant dans la solution (*).
- La **concentration** (c) d'une solution est le rapport entre la quantité de soluté (m) et celle de solution (V). On la calcule d'après la formule $c = \frac{m}{V}$ et on l'exprime en $^{g}/_{L}$, en $^{g}/_{mL}$ ou en %.
- **Diluer** une solution signifie augmenter la quantité de solvant.
- Les concentrations et les volumes d'une solution avant et après dilution obéissent à la loi :

$$c_1 \times V_1 = c_2 \times V_2$$

où c_1, V_1, c_2 et V_2 représentent les concentrations et les volumes de la solution avant et après dilution (**).
- (SCP 436) Une **mole** est un nombre fixe correspondant à la quantité de matière d'un système contenant autant d'unités élémentaires qu'il y a d'atomes dans 0,012 kg de carbone 12, soit le nombre d'Avogadro ($6{,}023 \times 10^{23}$).
- (SCP 436) La **concentration molaire** d'une solution est le rapport entre le nombre de moles de soluté et la quantité de solution. On la calcule grâce à la formule $c = \frac{n}{V}$ et on l'exprime en $^{mol}/_{L}$.

Remarques

*	*Le soluté et le solvant peuvent être à l'état solide, liquide ou gazeux. Nous n'étudions ici que les solutions aqueuses, c'est-à-dire les solutions où le solvant est de l'eau.*
**	*Au cours de la dilution, le volume de la solution augmente, la quantité de soluté reste constante et la concentration diminue.*

Pour s'entraîner

Problème 28

Quel énoncé est faux ?

A) Les solutés d'une solution aqueuse peuvent être filtrés.

B) Le solvant peut être liquide, solide ou gazeux.

C) Un soluté peut être liquide, solide ou gazeux.

D) Les solutions peuvent être constituées de toutes les combinaisons des trois états physiques de la matière.

Solution

Dans un mélange homogène (solution), le solvant et le soluté peuvent être à l'état liquide, solide ou gazeux; par le fait même, toutes les combinaisons d'états deviennent possibles. Ainsi, seule la réponse A est fausse. En effet, les molécules de soluté étant dispersées dans l'eau, la solution ne peut pas être décomposée par filtration.

Note

L'air est une solution gazeuse et l'oxygène est l'un des solutés (tous gazeux) qui sont dissous dans l'azote (le solvant).

Le bronze (alliage de cuivre et d'étain) et le laiton (alliage de cuivre et de zinc) sont des solutions solides.

Réponse :

A.

Problème 29

Parmi les solutions suivantes, quelle est la plus concentrée ?

Solution I : $1\ \mathrm{g/mL}$

Solution II : $10\ \mathrm{g/L}$

Solution III : $100\ \mathrm{mg/L}$

Solution IV : $10\ \mathrm{mg/mL}$

Solution

Rappel

1g = 1 000 mg

1 L = 1 000 mL

On ne peut pas comparer directement les concentrations, puisque leurs unités de mesures ne sont pas les mêmes. Il faut, en premier lieu, exprimer ces valeurs dans les mêmes unités. Pour faciliter la tâche, il faut exprimer toutes les concentrations dans l'unité la plus petite.

Solution I : $c = \frac{m}{V} = \frac{1\ g}{1\ mL} = \frac{1000\ mg}{1\ mL} = 1000\ {}^{mg}/_{mL}$

Solution II : $c = \frac{m}{V} = \frac{10\ g}{1\ L} = \frac{10\,000\ mg}{1000\ mL} = 10\ {}^{mg}/_{mL}$

Solution III : $c = \frac{m}{V} = \frac{100\ mg}{1\ L} = \frac{100\ mg}{1000\ mL} = 0{,}1\ {}^{mg}/_{mL}$

Solution IV : $c = 10\ {}^{mg}/_{mL}$

Réponse :

Solution I.

Problème 30

On prépare 5 solutions de nitrate de potassium (KNO_3).

Solution 1 :
On dissout 50 g de soluté pour obtenir 1 L de solution.

Solution 2 :
On dissout 36 g de soluté pour obtenir 0,9 L de solution.

Solution 3 :
On dissout 27 g de soluté pour obtenir 300 mL de solution.

Solution 4 :
On dissout 1 g de soluté pour obtenir 200 mL de solution.

Solution 5 :
On dissout 5 g de soluté pour obtenir 80 mL de solution.

Écrivez ces solutions dans l'ordre croissant selon leur concentration.

Solution

On calcule la concentration de chaque solution et on exprime toutes les concentrations dans la même unité, par exemple en g/mL.

Solution 1 : $c = \frac{50\,g}{1\,L} = \frac{50g}{1\,000\,mL} = 0{,}05\ ^{g}/_{mL}$

Solution 2 : $c = \frac{36\,g}{0{,}9\,L} = \frac{36g}{900\,mL} = 0{,}04\ ^{g}/_{mL}$

Solution 3 : $c = \frac{27g}{300\,mL} = 0{,}09\ ^{g}/_{mL}$

Solution 4 : $c = \frac{1g}{200\,mL} = 0{,}005\ ^{g}/_{mL}$

Solution 5 : $c = \frac{5g}{80\,mL} = 0{,}062\ ^{g}/_{mL}$

Réponse :

Solution 4, Solution 2, Solution 1, Solution 5, Solution 3.

Problème 31

Le vinaigre que l'on trouve dans le commerce est une solution d'acide acétique (liquide) dissous dans l'eau.

a) Quelle quantité de soluté y a-t-il dans une bouteille de 250 mL de vinaigre :

   1) à 5 % d'acide acétique par volume ?

   2) à 7 % d'acide acétique par volume ?

b) Quelles sont les concentrations en $^{mL}/_{L}$ de ces deux solutions ?

Solutions

a) Dans une solution à 5 % d'acide acétique par volume, il y a 5 % de soluté. On a alors

   5 % de 250 mL = $\frac{5}{100} \times 250\,mL = 12{,}5$ mL d'acide acétique dans la solution 1, et

   7 % de 250 mL = $\frac{7}{100} \times 250\,mL = 17{,}5$ mL d'acide acétique dans la solution 2.

b) La concentration de la solution 1 est

$$c = \frac{12{,}5\,\text{mL}}{250\,\text{mL}} = \frac{12{,}5\,\text{mL}}{0{,}25\text{L}} = 50\,\text{mL}/\text{L}.$$

La concentration de la solution 2 est

$$c = \frac{17{,}5\,\text{mL}}{250\,\text{mL}} = \frac{17{,}5\,\text{mL}}{0{,}25\text{L}} = 70\,\text{mL}/\text{L}.$$

Réponses :

a) 1) 12,5 mL 2) 17,5 mL

b) 1. $50\,\text{mL}/\text{L}$ 2) $70\,\text{mL}/\text{L}$

Problème 32

Pour préparer 500 mL d'eau salée ayant une concentration de $10\,\text{g}/\text{L}$, on procède de la façon suivante :

- on met dans un becher 10 g de NaCl ;
- on ajoute 1 L d'eau distillée ;
- on agite le mélange jusqu'à dissolution complète ;
- on verse dans un autre becher 500 mL de cette solution.

Cette façon de procéder est-elle correcte pour obtenir la solution désirée ? Sinon, corrigez-la.

Solution

Il y a deux erreurs : une erreur de gaspillage et une erreur de procédure.

Erreur de gaspillage : Pour éviter le gaspillage, on prépare directement la quantité de solution demandée. Dans ce but, on calcule d'abord la quantité de soluté nécessaire pour 500 mL de solution ayant une concentration de $10\,\text{g}/\text{L}$. On a alors besoin de 5 g de NaCl pour 500 mL de solution.

Erreur de procédure : Pour préparer une solution ayant une concentration de $10\,\text{g}/\text{L}$, on verse dans un becher 10 g de soluté et, ensuite, on ajoute la quantité d'eau distillée nécessaire pour obtenir 1 L de solution.

Réponse :

La façon de procéder n'est pas correcte.

Correction :

- on verse dans un becher 5 g de NaCl ;
- on ajoute **la quantité d'eau distillée nécessaire** pour obtenir 500 mL de solution.

Problème 33

A) On met 100 g de soluté dans 100 mL d'eau.

B) On met 100 g de soluté dans un becher que l'on remplit ensuite jusqu'à 100 mL avec de l'eau.

C) On met 10 g de soluté dans 100 mL d'eau.

D) On met 10 g de soluté dans un becher que l'on remplit ensuite jusqu'à 100 mL avec de l'eau.

Quelle solution a une concentration égale à $100\ ^{g}/_{L}$?

Solution

Attention

> *On calcule la concentration d'une solution à l'aide de la formule*
>
> $c = \frac{m}{V}$, *où* V *représente le volume de la solution.*

Il est impossible de calculer les concentrations des solutions préparées en A et en C, car on ne connaît pas le volume de la solution.

La concentration de la solution en B est :

$$c = \frac{100\ g}{100\ mL} = \frac{100\ g}{0{,}1\ L} = 1\ 000\ ^{g}/_{L}$$

La concentration de la solution en D est :

$$c = \frac{10\ g}{100\ mL} = \frac{10\ g}{0{,}1\ L} = 100\ ^{g}/_{L}$$

Réponse :

D

Problème 34

On a 450 mL d'une solution aqueuse de chlorure de calcium, $CaCl_2$, à $10\ ^{g}/_{L}$.

a) Quelle sera la concentration d'une nouvelle solution si l'on ajoute 50 mL d'eau à cette solution ?

b) On veut diluer cette solution à 0,1 % $^{m}/_{V}$. Quelle quantité d'eau faut-il ajouter ?

Solutions

a) Solution mère

$c_1 = 10\ ^{g}/_{L}$

$V_1 = 450\ mL = 0,45\ L$

Solution préparée

$c_2 = ?$

$V_2 = 450\ mL + 50\ mL$
$= 500\ mL = 0,5\ L$

Équation : $c_1 \times V_1 = c_2 \times V_2 \Rightarrow c_2 = \dfrac{c_1 \times V_1}{V_2}$

Calcul :

$$c_2 = \frac{10\ ^{g}/_{L} \times 0,45\ L}{0,5\ L} = 9\ ^{g}/_{L}$$

Conseil

> *À la fin de la démarche, vérifiez si la concentration finale (c_2) est bien inférieure à la concentration initiale (c_1).*

b) On convertit la concentration désirée dans la même unité que celle de la solution initiale.

$0,1\ \%\ ^{m}/_{V} = \dfrac{0,1\ g}{100\ mL} = \dfrac{0,1g}{0,1L} = 1\ ^{g}/_{L}$

Solution mère

$c_1 = 10\ ^{g}/_{L}$

$V_1 = 0,45\ L$

Solution préparée

$c_2 = 1\ ^{g}/_{L}$

$V_2 = ?$

Équation : $c_1 \times V_1 = c_2 \times V_2 \Rightarrow V_2 = \dfrac{c_1 \times V_1}{c_2}$

Calcul :

$$V_2 = \frac{10\ ^{g}/_{L} \times 0,45\ L}{1\ ^{g}/_{L}} = 4,5\ L$$

Pour avoir 4,5 L de solution, il faut donc ajouter 4,05 L d'eau à la quantité initiale de la solution (4,5 L – 0, 45 L = 4,05 L).

Réponses :

a) $9 \, ^{g}/_{L}$ b) 4,05 L

Problème 35 (SCP 436)

Vrai ou faux ?

a) Dans une mole de molécules d'oxygène (O_2), il y a deux fois plus d'atomes d'oxygène que dans une mole de molécules de CO.

b) Dans une mole de molécules d'oxygène (O_2), il y a autant d'atomes que dans une mole de molécules de CO.

c) La masse d'une mole d'atomes de carbone est de 12 g.

d) La masse d'une mole d'atomes est la même pour tous les éléments.

e) Le nombre de molécules dans une mole de molécules est le même pour tous les composés chimiques.

Solutions

a) Vrai. Chaque molécule d'oxygène comprend deux atomes d'oxygène tandis que chaque molécule de gaz carbonique contient un atome d'oxygène. Dans une mole de molécules d'oxygène, il y a alors deux moles d'atomes d'oxygène et, dans une mole de molécules de gaz carbonique, il y a une mole d'atome d'oxygène.

b) Vrai. Chaque molécule d'oxygène et chaque molécule de gaz carbonique est composée de deux atomes.

c) Vrai. La masse atomique exprimée en grammes correspond à la masse d'une mole d'atomes.

d) Faux. La masse atomique varie d'un élément à l'autre. La masse d'une mole d'atomes varie également d'un élément à l'autre.

e) Vrai. Il y a $6{,}02 \times 10^{23}$ particules dans une mole de particules.

Réponses :

a) Vrai. b) Vrai. c) Vrai. d) Faux. e) Vrai.

Problème 36 (SCP 436)

Combien y a-t-il de moles (d'atomes ou de molécules) dans un échantillon de 20 g :

a) de calcium ?

b) d'eau ?

c) d'argon ?

d) d'iode ?

Solutions

a) À l'aide du tableau périodique, on trouve la masse molaire du calcium, soit 40,0 g. Alors :

40 g contient 1 mol d'atomes de Ca;

20 g contient x mol.

Le calcul est basé sur la proportion suivante :

$$\frac{40\text{ g}}{20\text{ g}} = \frac{1\text{ mol}}{x} \Rightarrow x = \frac{20\text{ g} \times 1\text{ mol}}{40\text{ g}} = 0{,}5\text{ mol}$$

b) On calcule la masse molaire (la masse d'une mole) de l'eau. Puisqu'il y a deux atomes d'hydrogène et un atome d'oxygène dans une molécule d'eau, la masse d'une mole de molécules d'eau est

$2 \times 1{,}0\text{ g} + 1 \times 16{,}0\text{ g} = 18{,}0\text{ g}$.

18 g contient 1 mol de molécules d'eau;

20 g contient x mol.

$$\frac{18\text{ g}}{20\text{ g}} = \frac{1\text{ mol}}{x} \Rightarrow x = \frac{20\text{ g} \times 1\text{ mol}}{18\text{ g}} = 1{,}11\text{ mol}$$

c)

Attention

L'argon appartient à la famille des gaz inertes, il est donc monoatomique.

À l'aide du tableau périodique, on trouve la masse molaire d'argon, soit 40 g. Alors :

40 g contient 1 mol d'atomes d'argon;

20 g contient x mol.

$$\frac{40\text{ g}}{20\text{ g}} = \frac{1\text{ mol}}{x} \Rightarrow x = \frac{20\text{ g} \times 1\text{ mol}}{40\text{ g}} = 0{,}5\text{ mol}$$

d)

Attention

L'iode est un élément très réactif, comme tous les halogènes; il n'existe dans la nature qu'à l'état combiné.

La molécule d'iode est composée de deux atomes, la masse d'une mole de molécules est alors 253,8 g.

253,8 g contient 1 mol de molécules d'iode;

20 g contient x mol.

$$\frac{253{,}8\text{ g}}{20\text{ g}} = \frac{1\text{ mol}}{x} \Rightarrow x = \frac{20\text{ g} \times 1\text{ mol}}{253{,}8\text{ g}} = 0{,}078\,8\text{ mol}$$

Réponses :

a) 0,5 mol d'atomes de calcium.

b) 1,11 mol de molécules d'eau.

c) 0,5 mol d'atomes d'argon.

d) 0,078 8 mol de molécules d'iode.

Problème 37 (SCP 436)

On gonfle quatre ballons aux mêmes conditions de température et de pression avec une même masse :

A) de dioxyde de carbone;

B) d'oxygène;

C) d'hydrogène;

D) d'argon.

Lequel de ces quatre ballons aura le plus grand volume ?

Solution

Attention

L'oxygène et l'hydrogène sont des gaz diatomiques.

Le volume d'un gaz est proportionnel au nombre de moles. Pour la même masse, le gaz qui a la masse molaire la plus petite, aura le plus grand nombre de moles, donc le plus grand volume. Les masses molaires des gaz en question sont :

CO_2 : 44 $^{g}/_{mol}$; O_2 : 16 $^{g}/_{mol}$; H_2 : 2 $^{g}/_{mol}$; Ar : 80 $^{g}/_{mol}$.

Réponse :

C.

Pour travailler seul

Problème 38

Associez à chaque notion la description correspondante.

Notion	Description
A. Solution B. Soluté C. Solvant	1. Constituant le moins abondant dans un mélange hétérogène. 2. Constituant le plus abondant dans un mélange homogène. 3. Mélange hétérogène. 4. Mélange homogène. 5. Constituant le moins abondant dans un mélange homogène.

Problème 39

Pour chacun des exemples suivants, indiquez l'état de la solution (liquide, solide, gazeux), puis nommez le soluté et le solvant ainsi que leur état respectif.

Solution	État	Soluté	État	Solvant	État
Eau sucrée					
Alcool à friction					
Eau de mer					
Alliage de cuivre (10 %) et de nickel (90 %)					
Mélange d'hydrogène dans l'air					
Air					

Problème 40

Lesquelles des unités ci-dessous peuvent être utilisées pour indiquer la concentration d'une solution ?

A) g/L B) g/kg C) g/cm^2 D) g/mL

Problème 41

Complétez le tableau suivant.

Concentration		
g/L	g/mL	$\% \, m/V$
1		
		1
		50
	0,1	
10		

Problème 42

On ajoute 250 mL d'eau de Javel (solution d'hypochlorite de sodium, $NaClO$) à 4 % m/V dans une machine à laver contenant 15 L d'eau.

a) Quelle quantité d'hypochlorite de sodium y a-t-il dans la machine à laver ?

b) Quelle est la concentration de la nouvelle solution (exprimez la réponse en g/L et en % m/V)?

Problème 43

Il faut préparer 3 L de vinaigre de concentration égale à 2 % m/V à partir de vinaigre à 5 % m/V acheté dans le commerce. Quel volume de vinaigre faut-il utiliser et combien d'eau faut-il ajouter pour obtenir la solution désirée ?

Problème 44 (SCP 436)

Quel énoncé décrit correctement une mole ?

A) Nombre d'atomes contenus dans une molécule.

B) Quantité de matière d'un système contenant autant d'unités élémentaires qu'il y a d'atomes dans 0,012 kg de carbone 12.

C) Quantité de matière qui occupe un volume de 1 L.
D) Quantité de matière qui occupe un volume de 22,4 L.

Problème 45 (SCP 436)

Nommez la notion définie par chacun des énoncés ci-dessous.

a) Masse d'un atome relative à celle du carbone 12.
b) Somme des masses atomiques des atomes constituant une molécule.
c) Masse d'une mole de molécules.
d) Masse d'une mole d'atomes.
e) Quotient de la masse par le volume qu'elle occupe.

Problème 46 (SCP 436)

Corrigez les erreurs commises dans les descriptions.

Quantité	**Description**
40 g	Masse molaire moléculaire du calcium
32 g	Masse molaire atomique de l'oxygène
16 u.m.a	Masse moléculaire de l'oxygène
1 u.m.a.	Masse molaire atomique de l'hydrogène
74 g	Masse moléculaire de l'hydroxyde de calcium, $Ca(OH)_2$
40 u.m.a	Masse moléculaire du calcium

Problème 47 (SCP 436)

On veut recueillir 700 g de sel à partir d'eau de mer. Sachant que la concentration molaire de l'eau salée est de 0,6 $^{mol}/_{L}$, déterminez la quantité d'eau qu'il faudra faire évaporer.

Problème 48 (SCP 436)

Dans une expérience, on a besoin de 100 mL d'une solution de HCl à 0,02 $^{mol}/_{L}$, mais on ne dispose que d'une solution de concentration égale à 0,1 $^{mol}/_{L}$. Laquelle des démarches suivantes faut-il choisir ?

A) Dans un becher contenant 400 mL d'eau distillée on verse 100 mL de HCl à 0,1 $^{mol}/_{L}$.

B) Dans un becher contenant 80 mL d'eau distillée on verse 20 mL de HCl à 0,1 $^{mol}/_{L}$.

C) Dans un becher contenant 20 mL de HCl à 0,1 $^{mol}/_{L}$ on verse 80 mL d'eau distillée.

D) Dans un becher contenant 20 mL d'eau distillée on verse 80 mL de HCl à 0,1 $^{mol}/_{L}$.

3 - LES INDICATEURS

3.1 Indicateur, échelle de pH et point de virage

L'ESSENTIEL

- Un **indicateur** est une substance capable de changer de couleur en présence d'une solution acide ou d'une solution basique.
- Le **papier tournesol** est un indicateur qui devient rouge en présence d'une solution acide et bleu en présence d'une solution basique.
- Le **pH** mesure le degré d'acidité d'un milieu. Sa valeur fait référence à la concentration en ions H^+.
- L'**indicateur universel** permet d'établir le pH d'une solution par comparaison de couleurs.
- L'**échelle de pH** est graduée de 0 à 14. Un pH **inférieur à 7** caractérise une solution acide. Un pH **supérieur à 7** caractérise une solution basique. Un pH **égal à 7** caractérise une solution neutre.
- La zone de pH où l'indicateur change de couleur est appelée **point de virage**.

Pour s'entraîner

Problème 49

Au laboratoire, un élève a préparé trois solutions ayant une concentration de 0,01 $^{mol}/_{L}$. Dans la première bouteille, il a dissous de l'acide chlorhydrique, HCl, dans l'eau distillée; dans la deuxième bouteille, il a dissout de l'hydroxyde de sodium, NaOH, et dans la troisième, du chlorure de sodium, NaCl. Or, il a oublié de coller les étiquettes sur chaque bouteille. Il a donc numéroté les bouteilles, puis il a effectué plusieurs tests afin d'identifier chacune des solutions.

Voici les résultats des tests et la conclusion qu'il a tirée de chaque résultat :

1. La solution n° 1 laisse passer le courant électrique. C'est donc un acide.
2. La solution n° 2 bleuit le papier tournesol. C'est donc une base.
3. La solution n° 3 est incolore. C'est donc une solution saline.
4. La solution n° 3 ne change pas la couleur du papier tournesol. C'est donc une solution saline.

a) Les conclusions de l'élève sont-elles adéquates ?

b) Les solutions sont-elles bien identifiées ?

Solutions et réponses

a) Le résultat du 1er test ne permet pas d'identifier une solution acide, car, dans une solution aqueuse, les bases et les sels laissent également passer le courant électrique.

La solution dans la bouteille n° 2 est bien identifiée car seules les solutions basiques bleuissent le papier tournesol.

Le résultat du 3e test est mal interprété, car la couleur n'est pas une propriété caractéristique des sels.

La solution de la bouteille n° 3 est bien identifiée, car seuls les sels ne changent pas la couleur du papier tournesol.

b) Puisque l'élève a identifié correctement deux solutions, la troisième est identifiée automatiquement. Cependant, ce n'est pas le test n° 1 qui lui a permis d'identifier cette solution.

Problème 50

À l'aide d'un indicateur universel, on a mesuré le pH de différentes substances.

Substance	pH	Type de solution
1. Eau distillée	7	
2. Jus de tomates	4,2	
3. Eau de javel	11	
4. Sang humain	7,4	
5. Jus de citron	2,3	

a) Écrivez dans la troisième colonne si la solution est acide, basique ou saline.

b) Nommez l'acide le plus fort et la base la plus forte.

Réponses :

a)

Substance	pH	Type de solution
1. Eau distillée	7	Neutre
2. Jus de tomates	4,2	Acide
3. Eau de javel	11	Basique
4. Sang humain	7,4	Basique
5. Jus de citron	2,3	Acide

b) Parmi ces substances, le jus de citron est l'acide le plus fort et l'eau de Javel est la base la plus forte.

Problème 51

Corrigez les énoncés qui sont faux.

a) Une solution de pH 8 est 2 fois plus basique qu'une solution de pH 10.
b) Une solution de pH 2 est 2 fois plus acide qu'une solution de pH 4.
c) Une solution de pH 8 est 100 fois plus basique qu'une solution de pH 10.
d) Une solution de pH 2 est 100 fois plus acide qu'une solution de pH 4.
e) Une solution de pH 8 est 100 fois moins basique qu'une solution de pH 10.
f) Une solution de pH 2 est 100 fois moins acide qu'une solution de pH 4.

Solution

Attention

> *Lorsque le pH d'une solution diminue d'une unité, son acidité devient 10 fois plus élevée. Par contre, son alcalinité devient 10 fois plus basse.*

La solution de pH 8 est mois basique que celle de pH 10. La différence de 2 unités sur l'échelle du pH correspond à une diminution de l'alcalinité de 100 fois ($10 \times 10 = 100$). La première solution est donc 100 fois moins basique.

La solution de pH 8 est plus acide que celle de pH 10. La différence de 2 unités sur l'échelle du pH correspond à une augmentation de l'acidité de 100 fois. La première solution est donc 100 fois plus acide.

Réponses :

a) Faux. Correction : Une solution de pH 8 est 100 fois moins basique qu'une solution de pH 10.

b) Faux. Correction : Une solution de pH 2 est 100 fois plus acide qu'une solution de pH 4.

c) Faux. Correction : Une solution de pH 8 est 100 fois moins basique qu'une solution de pH 10.

d) Vrai.

e) Vrai.

f) Faux. Correction : Une solution de pH 2 est 100 fois plus acide qu'une solution de pH 4.

Problème 52

Le tableau ci-dessous montre le comportement de quatre indicateurs acido-basiques.

<table>
<tr><th>pH</th><th>2</th><th>3</th><th>4</th><th>5</th><th>6</th><th>7</th><th>8</th><th>9</th><th>10</th><th>11</th><th>12</th></tr>
<tr><td>Indicateur W</td><td colspan="2">Jaune</td><td></td><td colspan="8">Rouge</td></tr>
<tr><td>Indicateur X</td><td colspan="4">Bleu</td><td></td><td colspan="6">Jaune</td></tr>
<tr><td>Indicateur Y</td><td colspan="6">Rouge</td><td></td><td colspan="4">Violet</td></tr>
<tr><td>Indicateur Z</td><td colspan="9">Incolore</td><td></td><td>Jaune</td></tr>
</table>

Lequel de ces indicateurs permet d'identifier une solution fortement acide ?

A) Indicateur W.

B) Indicateur X.

C) Indicateur Y.

D) Indicateur Z.

Solution

Plus la solution est acide, plus le pH est bas.

<table>
<tr><td>pH</td><td>2</td><td>3</td><td>4</td><td>5</td><td>6</td><td>7</td><td>8</td><td>9</td><td>10</td><td>11</td><td>12</td><td>13</td><td>14</td><td>15</td></tr>
<tr><td rowspan="2">Solution</td><td colspan="5">acide</td><td rowspan="2">neutre</td><td colspan="8">basique</td></tr>
<tr><td colspan="3">fort</td><td colspan="2">faible</td><td colspan="4">faible</td><td colspan="4">fort</td></tr>
</table>

L'indicateur qui change de couleur dans la zone de pH le plus bas permet donc d'identifier la solution fortement acide.

Réponse :

A.

Problème 53

Au laboratoire, on vous remet deux indicateurs acido-basiques et une solution incolore de pH inconnu.

Le tableau ci-dessous présente les couleurs que prennent les deux indicateurs dans des solutions de pH différents.

<table>
<tr><td>Échelle pH</td><td>1</td><td>2</td><td>3</td><td>4</td><td>5</td><td>6</td><td>7</td><td>8</td><td>9</td><td>10</td><td>11</td><td>12</td><td>13</td></tr>
<tr><td>Indicateur 1</td><td colspan="4">Jaune</td><td colspan="3">Vert</td><td colspan="6">Bleu</td></tr>
<tr><td>Indicateur 2</td><td colspan="2">Violet</td><td colspan="2">Jaune</td><td colspan="9">Rouge</td></tr>
</table>

Vous mettez une goutte de chaque indicateur dans la solution incolore et elle devient jaune.

Dans quel intervalle se situe le pH de la solution ?

A) Entre 1 et 4. C) Entre 3 et 4.

B) Entre 1 et 5. D) Entre 3 et 5.

Solution

L'indicateur 1 devient jaune en présence de la solution dont le pH est inférieur à 4.

L'indicateur 2 devient jaune en présence de la solution dont le pH est situé entre 3 et 5.

Les deux indicateurs deviennent jaunes dans une solution dont le pH se situe entre 3 et 4.

Réponse :

C.

Problème 54

Le tableau ci-dessous présente les couleurs que prennent deux indicateurs acido-basiques dans des solutions de pH différents.

Échelle pH	1	2	3	4	5	6	7	8	9	10	11	12	13
Indicateur 1	Rouge		Orange		Jaune								
Indicateur 2	Jaune					Vert				Bleu			

Vous mélangez ces deux indicateurs. Vous mettez quelques gouttes de ce mélange dans une solution A dont le pH est 2. Vous mettez également quelques gouttes de ce mélange dans une solution B dont le pH est 13.

Quelle est la couleur de la solution A et celle de la solution B ?

A) La solution A est rouge et la solution B est jaune.

B) La solution A est jaune et la solution B est bleue.

C) La solution A est orange et la solution B est verte.

D) La solution A est rouge et la solution B est bleue.

Solution

Conseil

Référez-vous au mélange des couleurs de base.

Dans la solution A dont le pH est 2, l'indicateur 1 devient rouge et l'indicateur 2 devient jaune. Le mélange de ces deux indicateurs donnera donc la couleur orange à la solution A.

Dans la solution B dont le pH est 13, l'indicateur 1 devient jaune et l'indicateur 2 devient bleu. Le mélange de ces deux indicateurs donnera donc la couleur verte à la solution B.

Réponse

C.

Problème 55 (SCP 436)

Parmi les énoncés suivants, trouvez ceux qui correspondent aux solutions acides, basiques (alcalines) ou neutres.

A) La concentration en ions H^+ est supérieure à celle en ions OH^-.

B) La concentration en ion H^+ vaut 10^{-7} mol/L.

C) Le pH varie de 7 à 14.

D) $[H^+] = [OH^-]$

E) Le pH varie de 0 à 7.

F) Le pH vaut 7.

Réponse :

Solutions acides : A et E.

Solution basique : C.

Solutions neutres : B, D et F.

Problème 56 (SCP 436)

Remplissez le tableau suivant.

Solution	Concentration en ions H^+	Concentration en ions OH^-	pH
HCl 0,1 mol/L			
NaOH 0,1 mol/L			
H_2O distillée			

Solution

L'acide chlorhydrique est un acide très fort : toutes ses molécules sont dissociées dans la solution aqueuse. La concentration en ions H^+ de la solution de HCl est alors la même que celle de la solution, soit 0,1 mol/L.

Puisque $[H^+] \times [OH^-] = 10^{-14}$, alors :

$$[OH^-] = \frac{10^{-14}}{[H^+]} = \frac{10^{-14}}{0{,}1} = 10^{-13}$$

De plus :

$[H^+] = 0{,}1 = 10^{-1} \Rightarrow pH = 1$

Le NaOH est une base très forte : ses molécules sont toutes dissociées en solution aqueuse. La concentration en ions OH^- de la solution de NaOH est alors la même que celle de la solution, soit 0,1 mol/L.

La concentration en ions H^+ est :

$$[H+] = \frac{10^{-14}}{[OH^-]} = \frac{10^{-14}}{0{,}1} = 10^{-13}$$

De plus :

$[H^+] = 10^{-13} \Rightarrow pH = 13$

L'eau distillée est une substance neutre, son pH vaut donc 7 et sa concentration en ions H^+ est la même que celle en ions OH^-, soit 10^{-7}.

Remarque

> *Si le pH d'une solution est égal à n, la concentration en ions H^+ de cette solution est égale à 10^{-n}.*
>
> ***$pH = n \Leftrightarrow [H^+] = 10^{-n}$***

Réponse

Solution	**Concentration en ions H^+**	**Concentration en ions OH^-**	**pH**
HCl 0,1 mol/L	0,1 mol/L	10^{-13} mol/L	1
NaOH 0,1 mol/L	10^{-13} mol/L	10^{-1} mol/L	13
H_2O distillée	10^{-7} mol/L	10^{-7} mol/L	7

Problème 57 (SCP 436)

On mélange 500 mL d'une solution aqueuse de HCl de pH 2 à 4 500 mL d'eau pure. Que devient le pH de la solution ?

A) 7. B) 4. C) 1. D) On ne peut pas le déterminer. E) 3.

Solution

Le pH de la solution initiale est 2, alors sa concentration en ions H^+ est 10^{-2} mol/L. Donc, dans 500 mL de solution, on a $0,5 \times 10^{-2}$ mol d'ions H^+. Si l'on mélange cette solution avec 4 500 mL d'eau pure, on obtient 5 000 mL de solution, mais la quantité d'ions H^+ ne change pratiquement pas (dans 4 500 mL d'eau pure il y a $4,5 \times 10^{-7}$ = 0,00000045 moles d'ions H^+, ce qui est une quantité négligable). On a alors :

$$[H^+] = \frac{0,5 \times 10^{-2}\,\text{mol}}{5\,000\,\text{mL}} = \frac{0,005\,\text{mol}}{5\text{L}} = 0,00\,1\ \text{mol}/\text{L} = 10^{-3}\ \text{mol}/\text{L}$$

Ainsi, le pH devient 3.

Remarque

> Le volume de la solution passe de 500 mL à 5 000 mL (le volume augmente 10 fois) en conservant la même quantité de moles d'ions H^+. La concentration diminue donc 10 fois, ce qui correspond à une augmentation du pH de 1.

Réponse :

E.

Pour travailler seul

Problème 58

Vrai ou faux ?

a) Le symbole pH signifie « potentiel d'hydrogène ».

b) La valeur du pH dépend de la concentration en ions hydrogène d'une solution.

c) L'indicateur universel permet d'établir le pH d'une solution.

d) Un indicateur acido-basique est une substance qui réagit avec les acides et les bases.

e) Les indicateurs colorés permettent d'établir précisément le pH d'une solution.

Problème 59

À l'aide d'un indicateur universel, on a mesuré le pH de différentes substances.

Substance	pH	Type de solution
1. Jus de pamplemousse	3,5	
2. Café au lait	6	
3. Nettoyant à plancher	11	
4. Vinaigre	2,8	
5. Eau du robinet	6,8	

a) Écrivez dans la troisième colonne si la solution est acide, basique ou saline.

b) Trouvez l'acide le plus fort et la base la plus forte.

Problème 60

Le tableau ci-dessous présente les couleurs que prennent quatre indicateurs dans des solutions de pH différents. En vous référant à ce tableau, complétez le texte ci-après.

Indicateur	pH											
	1	2	3	4	5	6	7	8	9	10	11	12
Orange de méthyle	R	R	O	O	J	J	J	J	J	J	J	J
Rouge de méthyle	R	R	R	R	O	O	J	J	J	J	J	J
Tournesol	R	R	R	R	r	r	r	r	B	B	B	B
Phénophtaléine	I	I	I	I	I	I	I	r	r	r	V	V

Légende : R : rouge O : orange J : jaune r : rose violacé B : bleu I : incolore V : violet

Pour chaque indicateur, on remarque _____ zones de couleurs. La zone de pH qui correspond à la couleur intermédiaire est appelée ___________. Le___________ du tournesol est de pH 5 à pH _____. Une solution acide à laquelle on ajoute quelques gouttes de phénophtaléine demeure _________. Le(L') ____________ est l'indicateur le plus approprié pour s'assurer qu'une solution est très acide; le (l') _____________ est l'indicateur le plus approprié pour s'assurer qu'une solution est très basique. Le mélange d'orange de méthyl et de phénophtaléine possède ______ zones de couleurs. Les zones de virage de ce mélange sont de pH _____ à pH _______ et de pH _______ à pH ______.

Problème 61

Le tableau ci-dessous présente les couleurs que prennent les indicateurs orange de méthyle et bleu de bromothymol dans des solutions de pH variant de 0 à 14.

Orange de méthyle	Rouge		Orange		Jaune								
pH	1	2	3	4	5	6	7	8	9	10	11	12	13
Bleu de bromothymol	Jaune					Verte		Bleu					

Une solution devient jaune en présence de l'indicateur orange de méthyle et devient également jaune en présence de l'indicateur bleu de bromothymol.

Lequel des pH ci-dessous peut être celui de cette solution ?

A) 4. B) 5. C) 7. D) 9.

Problème 62

Au laboratoire, on vous remet deux solutions acides dont les pH sont 5 et 6,8 ainsi que les quatre indicateurs suivants.

1) Orange de méthyle

pH	1	2	3	4	5	6	7	8	9	10	11	12	13	14
	Rouge		Orange		Jaune									

2) Bleu de bromothymol

pH	1	2	3	4	5	6	7	8	9	10	11	12	13	14
	Jaune					Vert		Bleu						

3) Phénophtaléine

pH	1	2	3	4	5	6	7	8	9	10	11	12	13	14
	Incolore							Rose		Fuahia				

4) Violet de m-crésol

pH	1	2	3	4	5	6	7	8	9	10	11	12	13	14
	Jaune							Brun		Violet				

Nommez le seul indicateur qui permet de distinguer les deux solutions et donnez la couleur que prendra l'indicateur dans chacune de ces solutions acides.

Problème 63 (SCP 436)

Classez les solutions suivantes dans l'ordre selon leur pH, de la valeur de pH la plus grande à la plus petite.

Solution 1 : acide ; 0,01 mol/L

Solution 2 : pH = 5

Solution 3 : $[H^+] = 10^{-3}$ mol/L

Solution 4 : $[OH^-] = 10^{-3}$ mol/L

Solution 5 : base; 0,01 mol/L

Solution 6 : $[H^+] = [OH^-]$

4 - LES RÉACTIONS CHIMIQUES

4.1 Neutralisation, loi de conservation de la matière et équation équilibrée

L'ESSENTIEL

- La **neutralisation** d'une solution acide ou basique est une réaction au cours de laquelle les propriétés acides ou basiques de la solution sont annulées.
- La réaction de la neutralisation s'exprime par l'équation générale :

  Acide + Base → Sel + Eau (*)
- **Loi de conservation de la matière** :

  La masse totale des réactifs est égale à la masse totale des produits, c'est-à-dire que rien ne se perd, rien ne se crée, mais que tout se transforme.
- L'équation chimique est **équilibrée** si le nombre d'atomes de chaque élément est le même de chaque côté de l'équation.

Remarque

* Une solution acide est neutralisée par une base et, inversement, une solution basique est neutralisée par un acide.

Pour s'entraîner

Problème 64

Vous trouvez une bouteille contenant un liquide non identifié. À l'aide du papier indicateur universel, vous constatez que le pH de ce liquide est 11. Vous devez le neutraliser avant de vous en débarrasser.

Lequel des moyens ci-dessous permet de neutraliser ce liquide ?

A) Ajouter une solution de NaOH.

B) Ajouter de l'eau distillée.

C) Ajouter une solution dont le pH est 5.

D) Ajouter une solution dont le pH est 8.

Solution

Puisque le pH du liquide est 11, la solution trouvée est une solution basique. Pour la neutraliser, il faut ajouter une solution acide, soit celle dont le pH est inférieur à 7.

Réponse :

C.

Problème 65

Parmi les équations chimiques suivantes, lesquelles sont des équations de neutralisation ?

A) $HNO_3 + KOH \rightarrow KNO_3 + H_2O$

B) $HNO_3 + H_2O \rightarrow H_3O^+ + NO_3^-$

C) $2\ H_2SO_4 + C \rightarrow CO_2 + 2\ H_2O + 2\ SO_2$

D) $2\ HNO_3 + SO_2 \rightarrow H_2SO_4 + 2\ NO_2$

E) $2\ HCl + CaCO_3 \rightarrow CaCl_2 + H_2O + CO_2$

F) $3\ Mg(OH)_2 + 2\ H_3PO_4 \rightarrow Mg_3(PO_4)_2 + 6\ H_2O$

Solution

On cherche d'abord les équations qui correspondent au modèle de la réaction de neutralisation, soit :

Acide + Base → sel + eau

A et F correspondent à ce modèle.

La réaction E correspond à la définition de la réaction de neutralisation. L'acide HCl est traité au moyen d'une substance qui élimine l'acidité de la solution. Il y a alors formation d'eau et de sel. Le milieu est donc neutre.

Remarque

> Dans une solution aqueuse, certains sels possèdent des propriétés basiques, d'autres, des propriétés acides. Le sel $CaCO_3$ est un sel basique, il peut donc neutraliser les acides.

Réponse :

A, E et F.

Problème 66

Lors de la réaction du carbonate de calcium ($CaCO_3$) avec l'acide chlorhydrique (HCl),

a) les réactifs sont : ____________________;

b) les produits sont : ____________________;

c) la représentation de cette transformation chimique est : ____________________.

Solution

On parle de réaction du carbonate de calcium avec l'acide chlorhydrique ; ce sont donc des réactifs.

Puisqu'il s'agit d'une réaction entre un acide et un sel possédant des propriétés basiques, il y aura production d'eau et d'un autre sel, d'un chlorure. Ici, il y a production d'une troisième substance, celle où l'on trouve le carbone. En examinant la loi de conservation de la matière, on constate que cette substance est du dioxyde de carbone (CO_2).

Réponses :

a) $CaCO_3$ et HCl.

b) Eau, chlorure de calcium et dioxyde de carbone.

c) $CaCO_3 + 2HCl \rightarrow H_2O + CaCl_2 + CO_2$

Problème 67

Parmi les énoncés ci-dessous, lesquels sont vrais ?

A) Dans toute réaction chimique, le nombre d'atomes présents avant la réaction est égal au nombre d'atomes présents après celle-ci.

B) Dans toute réaction chimique, le nombre de molécules présentes avant la réaction est égal au nombre de molécules présentes après celle-ci.

C) Dans toute réaction chimique, le nombre de moles des réactifs est égal au nombre de moles des produits.

D) Dans toute réaction chimique, la somme des masses des corps réagissants est égale à la somme des masses des substances obtenues.

E) Dans toute réaction chimique, le nombre total des atomes de chaque élément doit être le même dans les réactifs et dans les produits.

Solution

Selon la loi de conservation de la matière, rien ne se perd, rien ne se crée. Dans toute réaction chimique, on ne peut ni gagner ni perdre des atomes. Le nombre total des atomes de chaque élément, et par conséquent le nombre total des atomes, est donc le même avant et après la réaction. La conservation de masse est due à la conservation du nombre d'atomes. Cependant, le nombre de molécules ainsi que le nombre de moles peuvent varier puisque l'agencement des molécules donne des produits différents des substances réagissantes.

Réponse :

A, D et E.

Problème 68

Par quelle équation équilibrée la neutralisation de l'hydroxyde de baryum ($Ba(OH)_2$) par l'acide sulfurique (H_2SO_4) est-elle représentée ?

A) $Ba(OH)_2 + H_2SO_4 \rightarrow BaSO_4 + H_2O$

B) $2\ Ba(OH)_2 + H_2SO_4 \rightarrow Ba_2SO_4 + H_2O$

C) $Ba(OH)_2 + H_2SO_4 \rightarrow BaSO_4 + 2\ H_2O$

D) $BaSO_4 + 2\ H_2O \rightarrow Ba(OH)_2 + H_2SO_4$

Solution

Conseils

1. *Il faut bien identifier les réactifs et les produits.*
2. *Il peut être utile de construire un tableau où l'on dénombre les atomes avant et après la réaction.*
3. *Dès qu'on trouve un élément qui n'est pas équilibré, on sait que l'équation est automatiquement non équilibrée.*

La représentation D est à rejeter, car elle ne représente pas une neutralisation ; le sel et l'eau sont les produits d'une neutralisation.

L'équation A n'est pas équilibrée. En effet :

	$Ba(OH)_2$	+	H_2SO_4	→	$BaSO_4$	+	H_2O
Ba	1 atome			=	1 atome		
O	2 atomes	+	4 atomes	≠	4 atomes	+	1 atome
H							
S							

L'équation B n'est pas équilibrée. En effet :

	$2\ Ba(OH)_2$	+	H_2SO_4	→	$BaSO_4$	+	$2\ H_2O$
Ba	2 atomes			≠	1 atome		
O							
H							
S							

L'équation C est équilibrée. En effet :

	$Ba(OH)_2$	+	H_2SO_4	→	$BaSO_4$	+	$2\ H_2O$
Ba	1 atome			=	1 atome		
O	2 atomes	+	4 atomes	=	4 atomes	+	2 atomes
H	2 atomes	+	2 atomes	=			4 atomes
S			1 atome	=	1 atome		

Réponse :

C.

Problème 69

Vérifiez si les équations suivantes respectent la loi de la conservation de la matière, sinon équilibrez-les.

a) $H_2SO_4 + C \rightarrow CO_2 + H_2O + SO_2$

b) $H_2SO_4 + Ca(OH)_2 \rightarrow CaSO_4 + 2\ H_2O$

c) $FeCl_3 + NH_4OH \rightarrow Fe(OH)_3 + NH_4Cl$

Solutions

Conseils

1 *Pour commencer, il faut choisir la molécule la plus complexe, celle qui renferme le plus grand nombre d'atomes, et lui attribuer le coefficient 1.*

2 *On peut équilibrer les groupes d'atomes que l'on trouve des deux côtés d'équation. Par exemple, dans l'exemple c, on trouve le groupe OH et le groupe NH_4 des deux côtés de l'équation.*

a) L'équation est non équilibrée.

La molécule la plus complexe est H_2SO_4. On lui attribue le coefficient 1.

$1\ H_2SO_4 + C \rightarrow CO_2 + H_2O + SO_2$

L'équation est équilibrée pour l'hydrogène, H, et pour le soufre, S. Alors :

$1\ H_2SO_4 + C \rightarrow CO_2 + 1\ H_2O + 1\ SO_2$

Équilibrons l'équation pour l'oxygène, O. On a :

$1\ H_2SO_4 + C \rightarrow ?\ CO_2 + 1\ H_2O + 1\ SO_2$

4 atomes de O = ? d'atomes de O + 1 atome de O + 2 atomes de O

On choisit $\frac{1}{2}$ comme coefficient de CO_2 pour que le nombre d'atomes de O soit équilibré.

$1\ H_2SO_4 + C \rightarrow \frac{1}{2}\ CO_2 + 1\ H_2O + 1\ SO_2$

Équilibrons l'équation pour C.

$1\ H_2SO_4 + ?\ C \rightarrow \frac{1}{2}\ CO_2 + 1\ H_2O + 1\ SO_2$

? d'atomes de C = $\frac{1}{2}$ d'atome de C

On choisit $\frac{1}{2}$ comme coefficient de CO_2 pour que le nombre d'atomes de C soit équilibré.

$1\ H_2SO_4 + \frac{1}{2}\ C \rightarrow \frac{1}{2}\ CO_2 + 1\ H_2O + 1\ SO_2$

En multipliant les deux côtés de l'équation par 2, on obtient une équation équilibrée dont les coefficients sont des nombres entiers.

$2\ H_2SO_4 + 1\ C \rightarrow 1\ CO_2 + 2\ H_2O + 2\ SO_2$

b) $H_2SO_4 + Ca(OH)_2 \rightarrow CaSO_4 + 2\ H_2O$

	H_2SO_4	+	$Ca(OH)_2$	→	$CaSO_4$	+	$2\ H_2O$
H	2 atomes	+	2 atomes	=			4 atomes
S	1 atome			=	1 atome		
O	4 atomes	+	2 atomes	=	4 atomes	+	2 atomes
Ca			1 atome	=	1 atome		

L'équation est équilibrée.

c) L'équation est non équilibrée.

On équilibre le groupe OH :
$FeCl_3 + NH_4OH \rightarrow Fe(OH)_3 + NH_4Cl$

1 groupe de OH ≠ 3 groupes de OH
On choisit 3 comme coefficient de NH_4OH pour que le groupe de OH soit équilibré.
$FeCl_3 + 3\ NH_4OH \rightarrow Fe(OH)_3 + NH_4Cl$

On équlibre le groupe NH_4 :
$FeCl_3 + 3\ NH_4OH \rightarrow Fe(OH)_3 + ?\ NH_4Cl$

On choisit 3 comme coefficient de NH_4OH pour que le groupe de NH_4 soit équilibré.
$FeCl_3 + 3\ NH_4OH \rightarrow Fe(OH)_3 + 3\ NH_4Cl$

Réponses :

a) $2\ H_2SO_4 + 1\ C \rightarrow 1\ CO_2 + 2\ H_2O + 2\ SO_2$

b) L'équation équilibrée.

c) $FeCl_3 + 3\ NH_4OH \rightarrow 1\ Fe(OH)_3 + 3\ NH_4OH$

Problème 70

Laquelle des équations chimiques ci-dessous est équilibrée ?

A) $CH_3COOH + 2\ NaOH \rightarrow CH_3COONa + 2\ H_2O$

B) $CH_3COOH + NaOH \rightarrow 2\ CH_3COONa + H_2O$

C) $CH_3COOH + NaOH \rightarrow CH_3COONa + H_2O$

D) $2\ CH_3COOH + NaOH \rightarrow CH_3COONa + 2\ H_2O$

Solution

L'équation A n'est pas équilibrée. En effet :

	CH_3COOH	+	$2\ NaOH$	→	CH_3COONa	+	$2\ H_2O$
C	2 atomes			=	2 atomes		
H	4 atomes	+	2 atomes	≠	3 atomes	+	4 atomes
O							
Na							

L'équation B n'est pas équilibrée. En effet :

	CH_3COOH	+	$2\ NaOH$	→	$2\ CH_3COONa$	+	$2\ H_2O$
C	2 atomes			≠	4 atomes		
H							
O							
Na							

L'équation C est équilibrée. En effet :

	CH_3COOH	+	$NaOH$	→	CH_3COONa	+	H_2O
C	2 atomes			=	2 atomes		
H	4 atomes	+	1 atome	=	3 atomes	+	2 atomes
O	2 atomes	+	1 atome	=	2 atomes	+	1 atome
Na			1 atome	=	1 atome		

Réponse :

C.

Problème 71

Voici la représentation de quatre réactions chimiques.

1. $N_2H_4 + O_2 \rightarrow N_2 + H_2O$
2. $NaHCO_3 + H_2SO_4 \rightarrow Na_2SO_4 + H_2O + CO_2$
3. $H_2O + Na \rightarrow NaOH + H_2$

4. $Na_2CO_3 + CaCl_2 \rightarrow NaCl + CaCO_3$

a) Équilibrez les équations.

b) Pour chaque réaction équilibrée, vérifiez la loi de conservation de la masse (SCP 436).

c) Associez à chacune de ces équations le type de réaction qu'elle représente.

- Neutralisation
- Formation d'un précipité
- Combustion
- Décomposition de l'eau

Solutions et réponses :

a) 1. **1** N_2H_4 + **1** $O_2 \rightarrow$ **1** N_2 + **2** H_2O

2. **2** $NaHCO_3$ + **1** H2SO4 $\rightarrow$ **1** Na_2SO_4 + **2** H_2O + **2** CO_2

3. **2** H_2O + **2** Na $\rightarrow$ **2** NaOH + **1** H_2

4. **1** Na_2CO_3 + **1** $CaCl_2 \rightarrow$ **2** NaCl + **1** $CaCO_3$

b)

Conseils

Il faut trouver la masse molaire de chaque substance présente dans l'équation, puis la masse totale des réactifs et des produits.

1. $1\ N_2H_4 + 1\ O_2 \rightarrow 1\ N_2 + 2\ H_2O$

Les masses molaires de N_2H_4, de O_2, de N_2 et de H_2O sont 32 g, 32 g, 28 g et 18 g respectivement.

La masse totale des réactifs : 1 × 32 g + 1 × 32 g = 64 g

La masse totale des produits : 1 × 28 g + 2 × 18 g = 64 g

Or, la somme des masses des réactifs est égale à la somme des masses des produits.

2. $2\ NaHCO_3 + 1\ H_2SO_4 \rightarrow 1\ Na_2SO_4 + 2\ H_2O + 2\ CO_2$

Les masses molaires de $NaHCO_3$, de H_2SO_4, de Na_2SO_4, de H_2O et de CO_2 sont respectivement : 84 g; 98,1 g; 2 142,1 g;18,0 g; 44,0 g.

La masse totale des réactifs : 266,1 g

La masse totale des produits : 266,1 g

Or, la somme des masses des réactifs est égale à la somme des masses des produits.

3. $2\ H_2O + 2\ Na \rightarrow 2\ NaOH + 1\ H_2$

   Les masses molaires de H_2O, de Na, de NaOH et de H_2 sont respectivement :18,0 g; 23,0 g; 40,0 g; 2,0 g.

   La masse totale des réactifs : 266,0 g

   La masse totale des produits : 82,0 g

   Or, la somme des masses des réactifs est égale à la somme des masses des produits.

4. $1\ Na_2CO_3 + 1\ CaCl_2 \rightarrow 2\ NaCl + 1\ CaCO_3$

   Les masses molaires de Na_2CO_3, de $CaCl_2$, de NaCl et de $CaCO_3$ sont respectivement : 106,0 g; 111,1 g; 58,5 g; 100,1 g.

   La masse totale des réactifs : 217,1 g

   La masse totale des produits : 217,1 g

   Or, la somme des masses des réactifs est égale à la somme des masses des produits.

c)

Conseils

1	*La présence d'oxygène dans les réactifs caractérise une réaction de combustion (oxydation).*
2	*La formation d'un sel et d'eau caractérise une réaction de neutralisation.*

L'équation 1 représente une réaction de combustion.

L'équation 2 représente une réaction de neutralisation.

Dans la réaction 3, le sodium libère l'hydrogène présent dans la molécule d'eau, c'est donc une réaction de décomposition de l'eau.

Du côté des réactifs dans la réaction 4, on retrouve deux sels très solubles dans l'eau. En revanche, on retrouve un sel peu soluble dans l'eau du côté des produits. Il y aura donc formation d'un précipité.

Problème 72 (SCP 436)

L'équation suivante représente la combustion d'hydrazine.

$N_2H_4 + O_2 \rightarrow N_2 + 2\ H_2O$

a) Combien de moles d'azote seront produites par la combustion de 3 moles d'hydrazine ?

b) Combien de grammes d'hydrazine faut-il oxyder pour produire 252 grammes de H_2O ?

c) Combien de grammes de H_2O seront produits par la combustion de 3 moles d'hydrazine ?

Solutions

Attention

Vérifiez toujours si l'équation est équilibrée.

a)

Équation équilibrée	1 N_2H_4	+	1 O_2	→	1 N_2	+	2 H_2O
Les quantités (en moles) d'après l'équation	**1 mol**		1 mol		**1 mol**		2 mol
Les quantités dans le problème	**3 mol**				***x* mol**		

Les quantités d'après l'équation et les quantités dans le problème forment une proportion.

$$\frac{1\,\text{mol}}{3\,\text{mol}} = \frac{1\,\text{mol}}{x} \Rightarrow x = \frac{1\,\text{mol} \times 3\ \text{mol}}{1\,\text{mol}} = 3\ \text{mol}$$

b)

Conseil

Ajoutez au tableau une ligne où vous écrirez les quantités d'après l'équation exprimées en grammes.

Ici, il faut convertir les deux quantités en grammes, car la quantité de H_2O donnée et celle de H_2N_4 demandée dans le problème sont en grammes.

Équation équilibrée	1 N_2H_4	+	1 O_2	→	1 N_2	+	2 H_2O
Les quantités (en moles) d'après l'équation	**1 mol**		1 mol		1 mol		**2 mol**
Conversion en grammes des quantités d'après l'équation	**32 g**						**36 g**
Les quantités dans le problème	***x* grammes**						**252 g**

On trouve la valeur de x en résolvant la proportion
$\frac{32}{x} = \frac{36\text{g}}{252\text{g}}$.

D'où x = 224 g.

c)

Conseil

Convertissez en grammes les quantités d'après l'équation, mais seulement quand les quantités dans le problème sont données ou demandées en grammes.
Ici, on laisse la quantité d'hydrazine en moles, car la quantité demandée dans le problème est aussi en moles. En revanche, la quantité d'eau d'après l'équation (2 moles) doit être convertie en grammes.

Équation équilibrée	1 N_2H_4	+	1 O_2	→	1 N_2	+	2 H_2O
Les quantités (en moles) d'après l'équation	**1 mol**		1 mol		1 mol		**2 mol**
Les quantités d'après l'équation en grammes ou en moles, selon le cas	**1 mol**						**36 g**
Les quantités dans le problème	**3 mol**						***x* grammes**

Il faut donc résoudre la proportion suivante :

$$\frac{1\,\text{mol}}{3\,\text{mol}} = \frac{36\text{ g}}{x} \Rightarrow x = \frac{3\,\text{mol} \times 36\text{ g}}{1\,\text{mol}} = 108\text{ g}$$

Réponses :

a) 3 mol b) 224 g c) 108 g

Problème 73 (SCP 436)

Une réaction chimique est représentée par l'équation suivante.

$Na_2CO_3 + CaCl_2 \rightarrow 2\ NaCl + CaCO_3$

Combien de grammes de précipité de carbonate de calcium, $CaCO_3$, peut-on obtenir en faisant réagir 100 mL d'une solution de carbonate de sodium, Na_2CO_3, 0,1 $^{mol}/_{L}$.

Solution

On calcule d'abord le nombre de moles de Na_2CO_3 dans 100 mL de solution à 0,1 $^{mol}/_{L}$.

Données : $c = 0{,}1\ ^{mol}/_{L}$ Ce que l'on cherche : n

$V = 100\ mL = 0{,}1\ L$

Formule : $c = \frac{n}{V} \Rightarrow n = c \times V$

Calcul : $n = c \times V = 0{,}1\ ^{mol}/_{L} \times 0{,}1\ L = 0{,}01\ mol$

On peut maintenant remplir le tableau des quantités issues de l'équation et du problème pour établir la proportion.

Équation équilibrée	1 N_2CO_3	+	1 $CaCl_2$	→	2 NaCl	+	1 $CaCO_3$
Les quantités (en moles) d'après l'équation	**1 mol**		1 mol		2 mol		**1 mol**
Les quantités d'après l'équation (en grammes ou en moles, selon le cas)	**1 mol**						**100 g**
Les quantités dans le problème	**0,01 mol**						**x grammes**

Il faut donc résoudre la proportion suivante :

$$\frac{1\,\text{mol}}{0{,}01\,\text{mol}} = \frac{100\text{ g}}{x} \Rightarrow x = \frac{0{,}01\,\text{mol} \times 100\text{ g}}{1\,\text{mol}} = 1\text{ g}$$

Réponse :
1 g.

Pour travailler seul

Problème 74

La neutralisation se produit lorsqu'on ajoute les mêmes quantités :

A) d'un acide concentré (0,1 $^{mol}/_{L}$) à un acide dilué (0,001 $^{mol}/_{L}$).

B) d'une base concentrée (0,1 $^{mol}/_{L}$) à une base diluée (0,001 $^{mol}/_{L}$).

C) d'un acide concentré (0,1 $^{mol}/_{L}$) à une base diluée (0,001 $^{mol}/_{L}$).

D) d'une base concentrée (0,1 $^{mol}/_{L}$) à un acide dilué (0,001 $^{mol}/_{L}$).

E) d'un acide concentré (0,1 $^{mol}/_{L}$) à une base concentrée (0,1 $^{mol}/_{L}$).

Problème 75

Écrivez la représentation de chaque transformation chimique.

a) Neutralisation d'une solution d'hydroxyde de sodium, $NaOH$, par l'acide chlorhydrique, HCl.

b) Neutralisation du vinaigre, CH_3COOH, par le carbonate de sodium, Na_2CO_3.

c) Neutralisation de l'acide sulfurique, H_2SO_4, par l'hydroxyde de potassium, KOH.

d) Neutralisation de l'acide nitrique, HNO_3, par le carbonate de magnésium, $MgCO_3$.

Problème 76

Quel schéma correspond à la réaction de la synthèse de l'ammoniac NH_3 ? Écrivez l'équation de cette réaction.

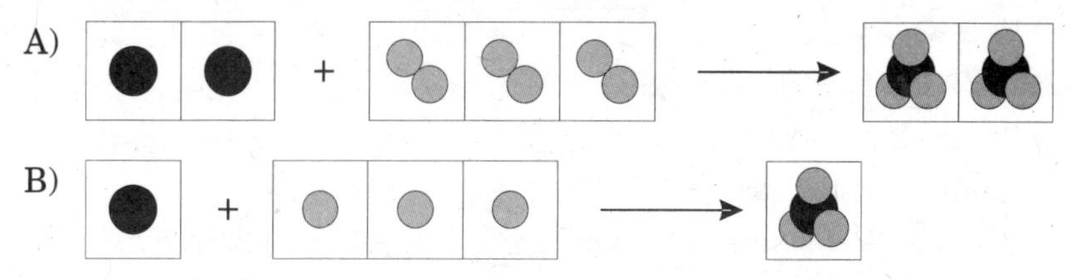

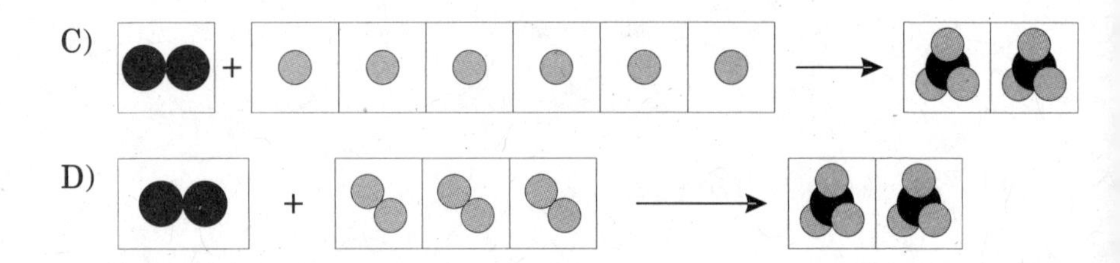

Problème 77

Vérifiez si les équations suivantes sont équilibrées. Si elles ne le sont pas, équilibrez-les.

a) $Cu(OH)_2$ + $H_3PO_4 \rightarrow Cu_3(PO_4)_2 + H_2O$

b) $Ca(OH)_2 + HCl \rightarrow CaCL_2 + H_2O$

c) $Ba(OH)_2 + H_2SO_4 \rightarrow BaSO_4 + H_2O$

d) $H_2O \rightarrow H_2 + O_2$

Problème 78

Lorsque le dioxygène, O_2, réagit avec de l'acide chlorhydrique, HCl, il y a formation de deux produits : un gaz vert, le dichlore, Cl_2, et de l'eau, H_2O.

Écrivez l'équation équilibrée qui correspond à cette réaction.

Problème 79

La réaction entre 168 g de bicarbonate de sodium et 120 g de vinaigre produit 88 g de dioxyde de carbone, 36 g d'eau et une certaine quantité de sel.

Quelle est la masse du sel produit ?

A) 80 g. B) 164 g. C) 340 g. D) 412 g.

Problème 80

Voici la représentation de trois réactions chimiques.

1) $Fe + O_2 \rightarrow Fe_3O_2$

2) $NaOH + H_2SO_4 \rightarrow Na_2SO_4 + H_2O$

3) $SO_3 + H_2O \rightarrow H_2SO_4$

a) Équilibrez les équations.

b) Associez à chacune de ces équations le type de réaction qu'elle représente.

- Neutralisation
- Formation d'un acide
- Oxydation

Problème 81 (SCP 436)

La réaction de la formation du cuivre est représentée par l'équation suivante :

$CuO + NH_3$? $Cu + N_2 + H_2O$

a) Équilibrez cette équation.

b) Quelle masse d'oxyde de cuivre faut-il traiter pour produire 1 kg de cuivre ?

c) Combien de moles d'azote seront ainsi formées ?

Problème 82

À l'aide de l'acide sulfurique, on neutralise $NaHCO_3$, qui est un sel basique.

a) Écrivez l'équation équilibrée qui représente cette réaction.

b) Combien de grammes de cet acide neutralisent complètement 100 g de $NaHCO_3$?

c) Combien de moles de gaz carbonique seront ainsi formées ?

5 - LES PRÉCIPITATIONS ACIDES ET LA POLLUTION ATMOSPHÉRIQUE

5.1 Pluies acides, effet de serre et couche d'ozone

L'ESSENTIEL

- L'eau de pluie est légèrement acide. La pollution atmosphérique fait augmenter l'acidité de la pluie. C'est ce que l'on appelle les **pluies acides**.
- Le **dioxyde de soufre** (SO_2) et les **oxydes d'azote** (NO_2, NO_3, N_2O_5) sont les principaux agents responsables des précipitations acides.
- Le **gaz carbonique**, CO_2, contribue au réchauffement du climat de la Terre. C'est ce que l'on appelle l'**effet de serre**.
- La **couche d'ozone** nous protège des rayons ultraviolets. Les **chlorofluorocarbones**, CFC, libérés dans l'atmosphère réagissent avec l'ozone qui disparaît petit à petit, ce qui provoque l'amincissement de la couche d'ozone.
- Les principaux effets de la pollution atmosphérique sur l'environnement sont les suivants (SCP 436) :
  - maladies cardio-respiratoires ;
  - maladies du système nerveux et immunitaire ;
  - contamination des aliments ;
  - détérioration de l'équilibre de la faune aquatique ;
  - contamination des eaux souterraines ;
  - dépérissement des érablières ;
  - dissolution des métaux, comme Al, Cd, Hg et Pb.

Pour s'entraîner

Problème 83

L'activité humaine produit des gaz qui sont rejetés dans l'atmosphère et qui contribuent à la pollution atmosphérique.

Certains de ces gaz ainsi que les effets provoqués par leur rejet dans l'atmosphère sont énoncés ci-dessous.

Gaz rejetés	Effets du rejet des gaz
1. CFC	A. Effet de serre
2. CO_2	B. Pluies acides
3. SO_2	C. Destruction de la couche d'ozone

Associez correctement chaque gaz à son effet.

A) 1 A, 2 C, 3 B.
B) 1 B, 2 A, 3 C.
C) 1 C, 2 A, 3 B.
D) 1 C, 2 B, 3 A.

Réponse :

C.

Problème 84

Parmi les énoncés suivants, lequel décrit des effets négatifs associés seulement aux pluies acides ?

A) La production de smog et l'acidification des cours d'eau.
B) La production de smog et l'amincissement de la couche d'ozone.
C) La détérioration des bâtiments et l'acidification des cours d'eau.
D) Le dépérissement des érablières et l'amincissement de la couche d'ozone.

Réponse :

C.

Problème 85

Voici une liste de substances :

oxydes de soufre, déchets biomédicaux, déchets alimentaires, oxydes d'azote, monoxyde de carbone, ozone, pesticides, déchets domestiques.

a) Notez l'origine de chaque substance donnée.
b) Donnez l'effet de chaque substance sur l'environnement en milieu biotique et en milieu abiotique.

Réponses :

a) Oxydes de soufre : sources naturelles, usines.

Déchets biomédicaux : hôpitaux, laboratoires.

Déchets alimentaires : usines agro-alimentaires.

Oxydes d'azote : industries de combustion.

Monoxyde de carbone : combustion incomplète de charbon.

Ozone : décomposition de NO_2.

Pesticides : agriculture.

Déchets domestiques : ordures ménagères, eaux usées.

b) Oxydes de soufre : donne naissance aux pluies acides ; SO_2 attaque les organes respiratoires.

Déchets biomédicaux : source d'infections.

Déchets alimentaires : influencent l'équilibre de la faune aquatique.

Oxydes d'azote : NO et NO_2 donnent naissance aux pluies acides; NO_2 réduit la capacité circulatoire de l'oxygène dans le sang.

Monoxyde de carbone : empêche l'oxygénation du sang (effet mortel).

Ozone : cause des douleurs à la poitrine, des irritations.

Pesticides : contaminent les aliments; affectent le foie et les systèmes nerveux, respiratoire et immunitaire.

Déchets domestiques : altèrent les eaux souterraines.

Pour travailler seul

Problème 86

Vrai ou faux ?

a) Les produits de la combustion du charbon, du pétrole et des déchets organiques s'échappent dans l'atmosphère et retombent sous forme de pluies acides ou de neiges acides.

b) Les produits de l'oxydation des métaux donnent naissance aux précipitations acides.

c) Les gaz polluants sont transportés par les vents et peuvent être entraînés à des milliers de kilomètres de leur point d'origine.

d) Les oxydes de soufre et d'azote mélangés avec la vapeur d'eau des nuages forment de l'acide sulfurique et de l'acide nitrique qui retombent sous forme de pluies acides.

Problème 87

Laquelle des substances suivantes est la principale responsable de l'effet de serre ?

A) Dioxyde de carbone, CO_2.

B) Dioxyde de soufre, SO_2.

C) Dioxyde d'azote, NO_2.

D) Ozone, O_3.

Problème 88

Depuis quelques années, des biologistes suivent l'évolution du pH d'un lac situé près d'un grand centre urbain. À la première mesure, le lac avait un pH de 6,2 et lors de la dernière, il avait un pH de 4,4.

Laquelle des substances suivantes peut être responsable de ce changement de pH ?

A) Le monoxyde de carbone, CO.

B) Le plomb, Pb.

C) Le dioxyde de soufre, SO_2.

D) Les chlorofluorocarbones, CFC.

VÉRIFIEZ VOS ACQUIS

Section A

1. Un produit nettoyant contient de l'ammoniaque. On veut déterminer expérimentalement si l'ammoniaque est un acide, une base ou un sel.

Au cours de cette expérience, on doit vérifier certaines propriétés parmi les suivantes :

a) effet sur un métal;

b) effet sur le papier de chlorure de cobalt;

c) effet sur le papier tournesol;

d) effet sur l'eau de chaux;

e) effet sur un acide ou une base;

f) réactivation de tisons;

g) explosion en présence d'une flamme;

Lesquelles de ces propriétés doit-on vérifier ?

A) a, c et e. B) b, c et d. C) b, d et g. D) e, f et g.

2. Le technicien vous prie de l'aider à mettre le laboratoire en bon ordre à la fin de l'année. Pour préparer l'inventaire et pour des raisons de sécurité, il vous demande de distinguer les acides, les bases et les sels dans la liste suivante :

H_2SO_4, Na_2SO_4, HCl, HCH_3COO, $NaCl$, $KClO_3$, KOH.

Quel classement allez-vous lui proposer ?

A) Acides : H_2SO_4, HCl, HCH_3COO.
Bases : KOH.
Sels : Na_2SO_4, $NaCl$, $KClO_3$.

B) Acides : H_2SO_4, Na_2SO_4.
Bases : HCH_3COO, $KClO_3$, KOH.
Sels : HCl, $NaCl$.

C) Acides : HCl, $NaCl$.
Bases : H_2SO_4, Na_2SO_4.
Sels : HCH_3COO, $KClO_3$, KOH.

D) Acides : KOH.
Bases : H_2SO_4, HCl, HCH_3COO.
Sels : Na_2SO_4, NaCl, $KClO_3$.

3. Vous désirez diminuer de moitié la concentration d'une solution. Que faire ?

A) Diluer de moitié la quantité de soluté et doubler la quantité de solvant.

B) Ajouter une quantité de solvant égale au volume de la solution initiale.

C) Faire évaporer la moitié du solvant présent dans la solution.

D) Doubler la quantité de soluté.

4. Au laboratoire, Sylvie a préparé quatre solutions de concentration et de volume différents.

Le schéma du protocole de Sylvie est :

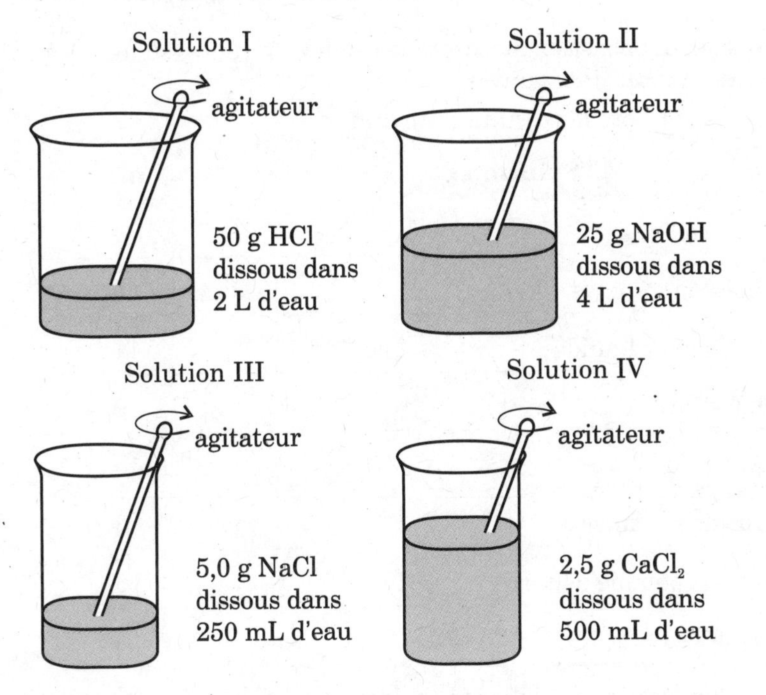

Dans son rapport, Sylvie présente dans l'ordre croissant les concentrations $\left(g/_L\right)$ des solutions.

Quel était l'ordre de présentation des solutions préparées par Sylvie ?

A) IV, II, III et I.
B) II, I, IV, et III.
C) IV, III, II et I.
D) I, III, II et IV.

5. Dans les maisons, on trouve souvent de la poudre à récurer. On désire savoir si cette substance est acide, basique ou neutre.

Pour déterminer le pH de cette substance, que doit-on faire en premier lieu ?

A) Placer un papier tournesol bleu sur le solide.

B) Placer un papier tournesol rouge sur le solide.

C) Dissoudre une petite quantité du solide dans de l'eau.

D) Vérifier si le solide conduit le courant électrique.

6. Kim et Sébastien mesurent le pH de différentes solutions à l'aide d'un indicateur universel.

Ils ont noté les résultats suivants :

Solution	**pH**
Eau salée	8
Boisson gazeuse	3
Nettoyant liquide	11
Lave-vitre	9
Antiacide	10
Jus de raisin vert	3
Jus de pomme de terre	6
Vinaigre	3

Quelles sont les solutions acides ?

A) Nettoyant, jus de raisin, antiacide et eau salée.

B) Eau gazeuse, jus de raisin vert, jus de pomme de terre et vinaigre.

C) Nettoyant, lave-vitre, eau gazeuse et vinaigre.

D) Jus de pomme de terre, lave-vitre, antiacide et eau salée.

7. Au laboratoire, on a neutralisé une solution d'hydroxyde de potassium (KOH) avec de l'acide sulfurique (H_2SO_4).

Quelle équation équilibrée représente correctement la réaction de neutralisation ?

A) $KOH + H_2SO_4 \rightarrow H_30 + KSO_4$

B) $KOH + H_2SO4 \rightarrow H_20 + K_2SO_4$

C) $KOH + H_2SO_4 \rightarrow OHSO_4 + KH_2$

D) $2\ KOH + H_2SO_4 \rightarrow 2\ H_2O + K_2SO_4$

8. Au laboratoire, Sophie analyse une réaction entre deux solutions. Voici la description de ses opérations :

1. Propriétés observées

   SOLUTION 1
   - Conduit bien le courant électrique.
   - Est incolore.
   - Rougit le papier tournesol bleu.
   - Rosit le papier au chlorure de cobalt.

   SOLUTION 2
   - Conduit bien le courant électrique.
   - Est incolore.
   - Bleuit le papier tournesol rouge.
   - Rosit le papier au chlorure de cobalt.

2. Préparation de la solution 3

   Elle prépare la 3e solution en mélangeant d'égales quantités des solutions 1 et 2.

3. Propriétés de la 3e solution
   - Conduit bien le courant électrique.
   - Est incolore.
   - Ne change pas la couleur du tournesol.

- Rosit le papier au chlorure de cobalt.

Quelle équation peut représenter exactement la réaction entre les solutions 1 et 2 ?

A) $NaOH + HCL \rightarrow NaCl + H_2O$

B) $HCl + NaOH \rightarrow NaCl + H_2O$

C) $NaOH + HCl \rightarrow NaOH + HCl$

D) $NaCl + H_2O \rightarrow HCl + NaOH$

9. En neutralisant l'acide sulfurique (H_2SO_4) par de la soude caustique (NaOH), on obtient du sulfate de sodium (Na_2SO_4) et de l'eau.

Quelle équation équilibrée traduit la transformation chimique ?

A) $H_2SO_4 + 2\ NaOH \rightarrow Na_2SO_4 + 2\ H_2O$

B) $Na_2SO_4 + 2\ H_2O \rightarrow H_2SO_4 + 2\ NaOH$

C) $H_2SO_4 + NaOH \rightarrow Na_2SO_4 + 2\ H_2O$

D) $Na_2SO_4 + H_2O \rightarrow H2SO_4 + 2\ NaOH$

10. Richard se plaint de la présence d'une mince couche noire sur ses fenêtres en aluminium naturel.

Kim lui explique que cette couche est due à l'oxydation de l'aluminium par l'oxygène de l'air.

Quelle équation équilibrée représente cette réaction ?

A) $2\ Al + O_2 \rightarrow Al_2O_3$

B) $2\ Al + 3\ O_2 \rightarrow Al_2O_3$

C) $4\ Al + 3\ O_2 \rightarrow 2\ Al_2O_3$

D) $4\ Al + 2\ O_2 \rightarrow 2\ Al_2O_3$

11. Parmi les transformations chimiques représentées par les équations suivantes, laquelle est une équation de neutralisation qui respecte la loi de la conservation de la matière ?

A) $2\ NO + O_2 \rightarrow NO_2$

B) $2\ Na + 2\ H_2O \rightarrow 2\ NaOH + H_2$

C) $H_3PO_4 + 3\ KOH \rightarrow K_3PO_4 + 3\ H_2O$

D) $3\ HBr + Fe(OH)_3 \rightarrow FeBr_3 + 6\ H_2O$

Section B

1. Parmi les composés suivants, on trouve des acides, des bases et des sels :

   H_2SO_4, $Ca(OH)_2$, $CaCO_3$, NH_4OH, HCl et H_3PO_4

   Classez chaque composé dans la bonne colonne d'après sa formule moléculaire.

Acides	**Bases**	**Sels**

2. Pour déterminer le pH d'un jus de fruit, vous utilisez généralement du papier indicateur universel.

   À défaut de ce papier, vous utilisez du papier tournesol. Vous observez que le jus de fruit rougit le papier tournesol bleu.

   Que pouvez-vous dire à propos du pH de ce jus de fruit ?

3. Certains produits colorés dont la présence est courante dans les foyers (chou rouge, thé, etc.) peuvent servir d'indicateurs de pH.

   Quelle propriété doivent avoir ces substances pour agir comme indicateurs ?

4. Dans la neutralisation de l'acide chlorhydrique HCl par de l'hydroxyde de sodium $Mg(OH)_2$, il se forme du chlorure de magnésium, $MgCl_2$, et de l'eau, H_2O.

   Quelle équation équilibrée correspond à la réaction de neutralisation ?

5. Dans un laboratoire, le technicien doit préparer 1,5 L de solution aqueuse de chlorure de sodium, NaCl, dont la concentration sera de 50 $^{g}/_{L}$.

   Quel est le protocole à suivre pour préparer cette solution ?

   Laissez les traces de toutes les étapes de votre démarche.

6. Vous disposez d'un litre d'une solution d'iodure de potassium, KI, dont la concentration est de 25 g/L.

Avec cette solution, vous voulez préparer un litre d'une solution de KI dont la concentration sera de 15 g/L.

Écrivez le protocole de manipulation qui vous permettra d'obtenir cette nouvelle solution $\left(15\,g/L\right)$, en justifiant à chaque étape les quantités utilisées de la solution de KI et d'eau distillée. Laissez les traces de toutes les étapes de votre démarche.

7. Au laboratoire, on vous remet une poudre blanche afin que vous déterminiez si elle est un électrolyte.

Quel est votre protocole de manipulation ?

Laissez les traces de votre protocole.

8. Une usine brûle des résidus de charbon et de soufre produisant du CO, du CO_2 et du SO_2.

Dans quelle mesure les gaz dégagés peuvent-ils avoir des effets nocifs sur les humains et sur l'environnement ?

Laissez les traces de votre démarche en donnant au moins deux éléments de réponse et justifiez-les.

CORRIGÉ

MODULE I

Problème 6

Référez-vous au conseil pour la résolution du problème sur les propriétés.

Réponse :

B.

Problème 7

Cherchez attentivement les propriétés caractéristiques qui vous permettront d'identifier la substance. Pour chaque substance, plusieurs données sont indiquées. Cependant, une seule **propriété caractéristique** (masse volumique, point de fusion, etc.) suffit pour identifier une substance.

Réponse :

Substance A : hydrogène, H_2.

Substance B : oxygène, O_2.

Substance C : gaz carbonique, CO_2.

Problème 8

Une propriété caractéristique permet d'identifier avec précision une substance ou un groupe de substances. La température en A, la forme en C et le volume en D ne permettent pas d'identifier la substance en question.

Réponse :

B.

Problème 9

La masse ne permet pas d'identifier une substance.

Réponse :

B.

Problème 10

Réponse :

a, C et 5. b, E et 4. c, A et 3.

d, B et 2. e, D et 6. f, F et 1.

Problème 11

Réponse :

B.

Problème12

Réponse :

Toute réponse qui tient compte des propriétés caractéristiques de l'aluminium, c'est-à-dire : résistance à la corrosion (les fils ne sont pas couverts), coût moindre que le cuivre, légèreté.

Problème 13

Réponse :

Objet	Propriétés
casserole	conductibilité thermique
fusible	point de fusion peu élevé
pièce de monnaie	ductilité
gaz pour ballon de foire	masse volumique faible
thermomètre	dilatation à la chaleur

Problème 14

Réponse :

C.

Problème 19

Le changement de phase. La solidification de l'eau liquide, par exemple, est un changement physique.

Réponse :

D.

Problème 20

Dégeler, couper en tranches ainsi que *faire fondre* ne correspondent pas à un changement chimique.

Réponse :

C.

Problème 21

Dans une association, il se peut que tous les termes à associer ne soient pas utilisés et que d'autres soient utilisés plus d'une fois.

Réponse :

1 et A 2 et A 3 et B 4 et C 5 et D 6 et F

Problème 22

L'action de frotter (1) ne change rien aux propriétés caractéristiques.

La combustion, *allumette qui s'enflamme* (2), indique un changement chimique.

Un changement de couleur (3) indique qu'il y a eu un changement chimique.

Le fait de changer de forme (4), de tomber (5) ne change rien aux propriétés caractéristiques.

Réponse :

B.

Problème 23

Réponse :

A.

Problème 24

Réponse :

D.

Problème 25

Les réponses peuvent varier pour autant qu'elles répondent réellement à la question et que tous les événements ont été traités dans votre réponse.

Réponses :

a) Physique : favorisera la combustion en augmentant la surface de contact.

b) Physique : favorisera le séchage par évaporation.

c) Physique : favorisera l'expansion du couvercle par dilatation thermique.

d) Chimique : préviendra la rouille.

Problème 29

Le *radium* en A, le *soufre* en C et l'*hydrogène* en D sont des éléments. En revanche, le *chlorure de sodium* (NaCl), le *dioxyde de carbone* (CO_2) et l'*oxyde de fer* (Fe_2O_3) de l'énumération B peuvent être séparés chimiquement en leurs composants respectifs. Ce sont donc des composés.

Réponse :

B.

Problème 30

Réponse :

A.

Problème 31

Lorsqu'il y a du sable ou de l'essence dans l'eau, on peut facilement distinguer les deux composants. Le mélange est donc hétérogène.

Réponses :

a) HO b) HE c) HO d) HO e) HO f) HE

Problème 32

Attention au vocabulaire ! Le *peut* ne signifie pas une obligation mais une possibilité. Les choix A, B et D sont possibles mais non certains.

Par contre, la substance jaune ne peut être un élément (énoncé C), puisqu'il y a eu changement de masse.

Réponse :

C.

Problème 36

Il faut associer les définitions à leur auteur. Une même définition peut être attribuée à deux auteurs. Ensuite, il faut relire adéquatement la question afin de faire le bon choix.

A) Dalton.

B) Démocrite et Dalton.

C) Aucun.

D) Dalton.

E) Dalton.

Réponse :

B.

Problème 37

Pour répondre correctement à ce problème, il faut énumérer tous les postulats de cette théorie.

Selon Dalton:

1. La matière est constituée de petites particules indivisibles appelées atomes.
2. Les atomes d'un même élément sont identiques.
3. Les atomes d'éléments différents sont différents.
4. Lors d'une réaction chimique, les atomes se combinent pour former des composés.
5. Les combinaisons d'atomes se font toujours dans des rapports simples.

Réponses :

a) Choix 2. c) Choix 1. e) Choix 2.

b) Choix 2. d) Choix 2.

Problème 42

Supposons qu'un objet renferme 5 charges négatives et 3 charges positives. Étant donné qu'il y a un surplus de charges négatives, cet objet est chargé négativement. À l'inverse si l'objet renferme 5 charges positives et 3 charges négatives, il y aura un surplus de charges positives et l'objet sera donc chargé positivement.

Réponse :

B.

Problème 43

Si vous approchez la sphère A de la sphère B et qu'il y a attraction, cette attraction indique que les sphères ne sont pas de même signe. Étant donné que la sphère A porte une charge négative, la sphère B porte forcément une charge positive.

Connaissant maintenant la charge de la sphère B (positive) et sachant qu'il y a attraction avec la sphère C, vous en déduisez qu'elles sont de signes contraires. La sphère C porte donc une charge négative.

Réponse :

La sphère B porte une charge positive et la sphère C, une charge négative.

Problème 44

En prenant comme hypothèse que la sphère A est chargée positivement et en appliquant le principe selon lequel les charges de signes contraires s'attirent et qu'entre les charges de même signe il y a répulsion, vous obtiendrez les résultats suivants pour les autres sphères :

Sphère	A	B	C	D	E
Charge	positive	négative	négative	négative	négative

Il doit donc, avec cette hypothèse, y avoir répulsion entre les sphères B et E ainsi qu'entre les sphères C et D.

Note

> *Si vous aviez fait l'hypothèse contraire pour la charge de la sphère A, vous seriez arrivé à la même conclusion.*

Réponse :

D.

Problème 47

Réponse :

1 et B   2 et E   3 et C   4 et A   5 et D

Problème 48

Réponse :

C.

Problème 49

Réponse :

En utilisant le tube de Crookes (tube à rayons cathodiques), les physiciens ont remarqué que la cathode émettait des particules. Ces particules pouvaient être déviées dans deux directions, selon le sens du potentiel appliqué sur les plaques de dérivation. Ainsi, il a fallu concevoir un nouveau modèle atomique qui tiendrait compte du fait que l'atome pouvait être divisé en particules chargées. Thomson proposa alors son modèle atomique avec des charges positives et négatives en quantités égales pour que l'ensemble soit neutre.

Problème 50

Réponse :

En projetant des rayons alpha (charge positive) sur une mince feuille d'or, Rutherford avait remarqué que les particules traversaient aisément la feuille pour aller frapper un écran phosphorescent situé à l'arrière de celle-ci. Quelques particules étaient repoussées ou semblaient être déviées par une composante au cœur de l'atome. Rutherford en conclut que l'atome n'est pas de densité uniforme, qu'au cœur de celui-ci se situe un noyau où se concentre la masse de l'atome et que le noyau doit être de charge positive puisqu'il repousse (ou dévie) les charges positives (rayons alpha). Selon Rutherford, les électrons se situaient en périphérie.

Problème 51

Réponse :

Bohr a perfectionné le modèle de l'atome élaboré par Rutherford. Selon Bohr, le noyau contient les charges positives et l'essentiel de la masse de l'atome; les électrons sont en périphérie; pour expliquer que ceux-ci ne s'écrasent pas sur le noyau, il proposa un modèle où les électrons tournent autour du noyau sur des orbitales bien définies.

Problème 55

En substituant les données fournies (numéro atomique = 19 et nombre de masse = 39) dans la relation :

Nombre de masse = nombre de protons + nombre de neutrons

et sachant que le numéro atomique = nombre de protons = nombre d'électrons, vous obtenez :

Nombre d'électrons = nombre de protons = 19

Nombre de neutrons = 39 – 19 = 20

Vous devez respecter aussi la règle de remplissage des couches électroniques, soit 2 électrons sur la première, 8 électrons sur la deuxième, 8 électrons sur la troisième et un dernier, le 19e électron, sur la quatrième couche électronique.

Réponse :

C.

Problème 56

Solution

Pour représenter un modèle atomique simplifié, vous avez besoin de connaître le contenu du noyau, donc le nombre de protons et celui de neutrons, ainsi que le nombre total d'électrons et leur distribution sur les couches.

a) $^{24}_{12}Mg$

Ici, on a :

Nombre d'électrons

= nombre de protons = numéro atomique = 12

Nombre de neutrons
= nombre de masse – nombre de protons = 24 – 12 = 12

Les 12 électrons seront repartis comme suit : 2 sur la première couche, 8 sur la deuxième et les 2 derniers sur la troisième.

b) $^{19}_{9}F$

Ici, on a :

Nombre d'électrons = nombre de protons = numéro atomique = 9

Nombre de neutrons = nombre de masse – nombre de protons = 19 – 9 = 10

Les 9 électrons seront repartis comme suit : 2 sur la première couche et 7 sur la deuxième.

c) $^{7}_{3}Li$

Ici, on a :

Nombre d'électrons = nombre de protons = numéro atomique = 3

Nombre de neutrons = nombre de masse - nombre de protons = 7 – 3 = 4

Les 3 électrons seront repartis comme suit : 2 sur la première couche et 1 sur la deuxième.

Réponses :

a) 12p+ 12n
2é 8é 2é

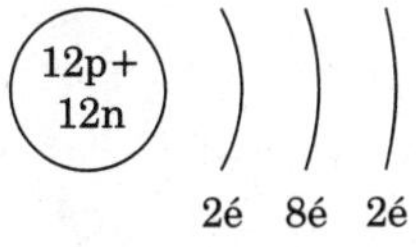

c) 3p+ 4n
2é 1é

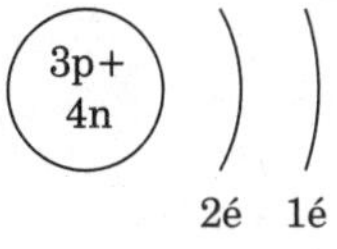

b) 9p+ 10n
2é 7é

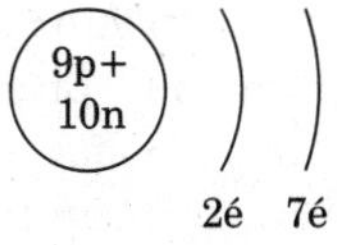

Problème 57

Dans un atome neutre, le nombre d'électrons et le nombre de protons sont égaux. Il suffit de compter le nombre d'électrons et de faire correspondre celui-ci au numéro atomique, Z, dans le tableau périodique.

Réponses :

a) Aluminium, Al.

b) Néon, Ne.

c) Bore, B.

d) Calcium, Ca.

Problème 58

Le numéro atomique détermine l'élément. Il correspond au nombre de protons dans le noyau de l'atome. C'est donc le nombre de protons qui détermine à quel atome nous avons affaire. Dans un atome neutre, le nombre de protons (charges positives) est égal au nombre d'électrons (charges négatives). La masse de l'atome se situe principalement à l'intérieur du noyau de l'atome, qui est constitué de neutrons et de protons. Le nombre de masse est la somme du nombre de protons et de neutrons.

Réponse :

C.

Problème 59

À titre d'exemple, voici le schéma de l'atome de lithium.

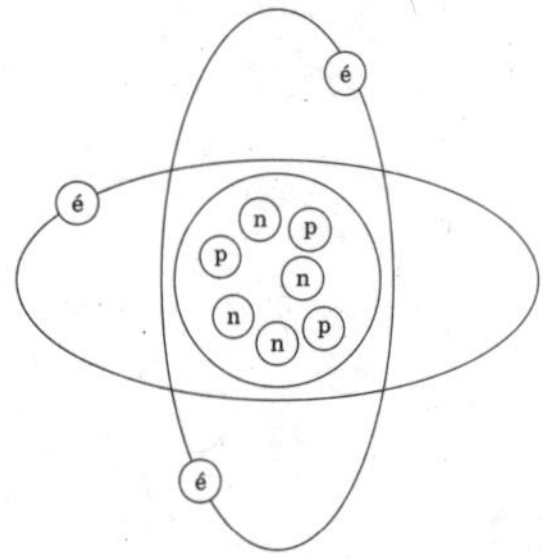

Son numéro atomique est 3 et son nombre de masse est 7. Il contient donc 3 protons, particules positives situées dans le noyau, 3 électrons, particules négatives gravitant autour du noyau, et 4 neutrons situés dans le noyau. On trouve le nombre de masse en additionnant le nombre de neutrons (4) et le nombre de protons (3), ce qui donne 7. La masse d'un électron est environ 1 836 fois plus petite que celle d'un proton ou d'un neutron. Le proton et le neutron ont environ la même masse; ils composent l'essentiel de la masse de l'atome.

Réponses :

a) Vrai.

b) Faux.

c) Faux.

d) Vrai.

e) Faux.

f) Vrai.

Problème 63

La masse moyenne d'un élément est la somme des produits de l'abondance relative de ses isotopes par leur nombre de masse.

$90{,}48\ \% \times 20 + 0{,}27\ \% \times 21 + 9{,}25\ \% \times 22 = 20{,}187\ 7$

Réponse :

20,187 7 unités de masse atomique.

Problème 64

La masse atomique indiquée dans le tableau périodique n'est pas un nombre entier, elle tient compte de l'abondance relative des isotopes de l'élément dans la nature.

Réponse :

D.

Problème 65

Exemple de réponse :

Certains isotopes sont chimiquement instables et, par ce fait même, dangereux. Ils peuvent se décomposer et être responsables de mutations génétiques chez l'être humain. En revanche, ils sont utiles pour le traitement et le diagnostic de certaines maladies ou dans divers domaines de recherches (carbone 14, pour la datation). Les mêmes isotopes peuvent être à la fois utiles et dangereux. Par exemple, les isotopes de l'uranium peuvent être utilisés à des fins pacifiques, comme la production d'énergie, ou à des fins destructrices, comme la fabrication de bombes.

Problème 70

Il faut lire attentivement toutes les propriétés énoncées. Vous vous apercevrez qu'elles ont presque toutes une contrepartie: mauvais conducteurs versus bons conducteurs, malléables versus cassables, etc.

Si vous classez un des énoncés, sa contrepartie sera classée du même coup.

Réponse :

Métaux : 2, 3, 4, 5, 7. Non-métaux : 1, 6, 8, 9, 10.

Problème 71

La description peut être différente de celle que vous avez apprise en classe. Néanmoins, vous devez être en mesure de bien reconnaître les énoncés correspondant aux notions décrites.

Réponse :

1 et C. 2 et B. 3 et D. 4 et A.

Problème 72

Par définition, un électron de valence est un électron situé sur la dernière couche électronique de l'atome; ce sont les électrons de valence qui sont responsables de l'activité chimique de l'atome (c'est-à-dire qui sont échangés lors d'une réaction chimique entre les atomes).

Réponse :

B.

Problème 73

La famille des métaux alcalino-terreux est caractérisée par le fait que leur dernière couche électronique ne contient que deux électrons. Le schéma B ne respecte pas les règles de remplissage, car sa première couche contient 8 électrons.

Réponse :

C et D.

Problème 74

Comme dans le plan cartésien en mathématiques, il suffit de deux coordonnées (verticale et horizontale) pour situer un élément.

Si vous connaissez la période et le groupe d'un élément, vous pourrez repérer celui-ci dans le tableau périodique.

Le numéro du groupe correspond au nombre d'électrons de valence. Le nombre de niveaux est identique au numéro de la période.

Il nous faut au moins ces deux coordonnées pour désigner l'élément. À la quatrième ligne, l'élément ne peut être nommé puisque le numéro du groupe et le nombre d'électrons de valence sont égaux et qu'il nous manque soit la période, soit le nombre de niveaux (couches électroniques). À la deuxième ligne, l'élément n'existe pas, car il ne peut y avoir 4 électrons de valence dans la première période.

Réponse :

Élément	Groupe	Période	Nombre d'électrons de valence	Nombre de niveaux
Mg	IIA	**III**	**2**	3
N'existe pas		I	4	
Na	**IA**	**III**	**1**	**3**
Tous les éléments de VIA	VIA	**Toutes sauf I**	6	**Tous sauf I**
Ti	IVB	IV	**4**	**4**

Problème 75

1. Le nombre d'électrons sur le dernier niveau correspond au numéro de la colonne, il s'agit donc de l'oxygène (O).
2. Les gaz rares appartiennent à la famille VIIIA. L'élément recherché est l'argon (Ar).
3. Les alcalino-terreux sont situés dans la deuxième colonne. Ils possèdent donc deux électrons sur leur dernière couche électronique. L'élément qui en a un de plus possède donc trois électrons sur sa dernière couche. Il est alors dans la troisième colonne. Il s'agit du bore (B).
4. L'indice *est un métal* permet de conserver le choix du sodium (Na) et du calcium (Ca). Le critère *qui réagit violemment avec l'eau* nous fait opter pour le sodium (Na).
5. Un élément qui *possède des électrons situés sur 4 niveaux d'énergie* se situe forcément dans la quatrième période. Seul le calcium (Ca) remplit cette condition.

Réponses :

1. Oxygène (O). 3. Bore (B). 5. Calcium (Ca).
2. Argon (Ar). 4. Sodium (Na).

Problème 79

L'atome est un constituant d'un élément, il est donc représenté par un seul symbole chimique.

La molécule est formée par deux ou plusieurs atomes. La molécule peut être formée des atomes d'un seul élément ou des atomes d'éléments différents.

Réponse :

Atomes : Co, Na, F.

Molécules : NaCl, CO_2, O_2, $NaHCO_3$, CO.

Problème 80

Il faut déterminer le nombre d'électrons de valence et vérifier si la tendance est de perdre ou de gagner des électrons. Il faut ensuite calculer le nombre d'électrons en jeu, ce qui donnera le nombre de liens chimiques que l'élément peut avoir. Par exemple, les éléments du groupe IIA ont 2 électrons sur la dernière couche. Pour obtenir la configuration électronique du gaz inerte le plus proche, ils devront perdre ces 2 électrons. Ils pourront alors former 2 liens.

Réponses :

a) 2. b) Aucun, la dernière couche est remplie. c) 3. d) 2.

Problème 81

Par convention, on place généralement au début de la formule moléculaire l'élément qui perd ses électrons. On trouve les symboles et les groupes à l'aide du tableau périodique. La perte ou le gain d'électrons détermine le nombre de liaisons possibles.

Réponse :

Composé	Baryum et iode		Lithium et chlore		Aluminium et brome	
Symbole	Ba	I	Li	Cl	Al	Br
Groupe	IIA	VIIA	IA	VIIA	IIIA	VIIA
Perte d'électrons	2		1		3	
Gain d'électrons		1		1		1
Nombre de liens	2	1	1	1	3	1
Formule	BaI_2		LiCl		$AlBr_3$	

Problème 82

À première vue, deux réponses semblent acceptables : B et D. Il faudra trouver ce qui les distingue.

Un atome est stable s'il n'a tendance ni à perdre ni à gagner d'électrons. Donc, un atome est stable si sa dernière couche est complète. Dans la majorité des cas, le dernier niveau est complet si la couche périphérique comporte 8 électrons, mais il ne faut pas oublier la première période qui, elle, est complète avec seulement 2 électrons.

Réponse :

D.

Problème 83

Un atome de calcium, Ca, fait partie du groupe IIA. Il possède donc 2 électrons de valence, ce qui donne la possibilité de 2 liaisons.

L'atome de chlore, Cl, fait partie du groupe VIIA. Il possède donc 7 électrons sur sa dernière couche. Il a tendance à compléter cette couche en allant « chercher » un électron, rejoignant ainsi la configuration électronique de l'argon. Il aura la possibilité de former 1 lien.

Réponse :

$CaCl_2$.

Problème 84

Les rapports entre les atomes présents dans les molécules sont les mêmes que ceux entre les volumes des gaz obtenus par électrolyse.

Réponse :

D.

Problème 88

La molécule finale doit contenir 2 atomes d'oxygène pour 1 atome de soufre.

Seul le schéma C correspond à ce critère.

Réponse :

C.

Vérifiez vos acquis

Section A

1. D	2. C	3. D	4. B	5. B	6. B	7. D
8. A	9. A	10. A	11. C	12. B	13. B	14. C

Section B

1. C'est un composé :
On peut séparer un composé en ses éléments constituants. Un élément ne peut être décomposé. Si une partie de la substance s'est évaporée et qu'une autre partie est restée au fond de l'éprouvette, c'est qu'il y avait deux éléments.

2. Au nombre d'électrons sur le dernier niveau.
Le modèle Rutherford-Bohr représente les électrons circulant autour du noyau sur des orbitales (à des niveaux) fixes. Dans une famille du tableau périodique, tous les éléments ont le même nombre d'électrons sur le dernier niveau et, par le fait même, ils réagissent tous de la même manière.

3. Le lithium (Li), le sodium (Na) et le potassium (K) sont tous dans la famille des alcalins et ont chacun un seul électron sur leur dernier niveau. N'ayant qu'un électron sur le dernier niveau, ces éléments ont fortement tendance à le perdre et à rejoindre ainsi la configuration électronique du gaz inerte le plus près. Ils ont donc une grande réactivité chimique.

4. Pour arriver au résultat, on peut effectuer la décomposition de l'eau par électrolyse.

Les étapes de la démonstration :

1. Remplir de l'eau un becher.
2. Ajouter à l'eau une solution qui permettra à celle-ci de devenir conductrice.
3. Remplir de cette solution deux éprouvettes.
4. Brancher une électrode à chaque borne d'un bloc d'alimentation.
5. Introduire les électrodes dans des éprouvettes.
6. Renverser les éprouvettes et les placer dans le becher.
7. Faire circuler le courant après s'être assuré que le montage est bien fait.

Après un certain temps, on constatera que les éprouvettes se remplissent de gaz. On remarquera que le volume des gaz est différent dans chaque éprouvette, ce qui signifie que l'eau s'est décomposée en deux gaz. À titre de preuve, on peut faire un test montrant que ces gaz réagissent différemment en présence d'une flamme ou d'un tison.

En conclusion, on dira que l'eau pure est composée de deux éléments.

5. Protocole :

1. Prendre trois échantillons de chacun des trois gaz.
2. Tester les propriétés caractéristiques correspondant aux gaz donnés, soit :
   - l'**oxygène** est un gaz capable de rallumer un tison;
   - l'**hydrogène** est un gaz qui explose en présence d'une flamme;
   - le **gaz carbonique** est un gaz qui brouille l'eau de chaux.

À la suite de ces tests, on pourra recoller les étiquettes sur les bonbonnes.

6. Phosphore (P) :

La caractéristique *mauvais conducteur de chaleur et d'électricité* indique que l'élément est un non-métal.

La caractéristique *moins de 18 électrons* indique que l'élément est situé dans une des trois premières périodes.

La caractéristique *possède 5 électrons sur la dernière couche* (en plus des caractéristiques données antérieurement) indique que l'élément est soit l'azote (N), soit le phosphore (P).

Puisque l'azote (N) à la température ambiante est un gaz et que l'élément recherché est un solide, on en déduit qu'il s'agit du phosphore (P).

7. Élément A : métal : 2 électrons sur sa dernière couche et solide.

Élément B : non-métal : possède 7 électrons sur sa couche périphérique (famille des halogènes).

Élément C : non-métal : gazeux.

Élément D : métalloïde : conduit le courant électrique mais ne conduit pas bien la chaleur; dur, mais non ductile et non malléable.

Élément E : métal : solide, ductile et malléable; bon conducteur de chaleur et d'électricité.

MODULE II

Problème 2

Si vous éprouvez des difficultés à répondre à cette question, cherchez dans le dictionnaire les définitions des phénomènes mentionnés.

Une éclipse de Soleil est observable de la Terre si la Lune se trouve entre la Terre et le Soleil sur la même ligne droite. Ce phénomène est donc causé par le mouvement de la Lune autour de la Terre.

L'aiguille d'une boussole est un aimant dont le pôle nord est attiré par le pôle sud magnétique (Nord géographique) de la Terre, qui est elle-même un grand aimant.

Les cheveux collent au peigne, car ils sont électrisés pendant le passage du peigne.

Autour d'un fil conducteur traversé par un courant électrique, il se forme un champ magnétique.

Le fait que les planètes tournent autour du Soleil est un phénomène gravitationnel et non magnétique.

Réponse :

B et D.

Problème 3

Une ampoule éclaire grâce au passage du courant électrique dans le filament qu'elle contient. Un fer à repasser est chauffé s'il est branché à une source de courant électrique. Une batterie fonctionne grâce au principe de la différence du potentiel. Seul le haut-parleur fonctionne grâce au magnétisme.

Réponse :

B.

Problème 4

Il y a attraction et répulsion entre deux substances magnétiques. Deux aimants s'attirent (si l'on dirige le pôle nord vers le pôle sud) ou se repoussent (si l'on dirige le pôle nord vers le pôle nord ou le pôle sud vers le pôle sud).

Entre une substance magnétique et une substance ferromagnétique, il y a attraction.

Il n'y a ni attraction ni répulsion dans les cas suivants :

- entre deux substances dont au moins une est non magnétique;
- entre deux substances ferromagnétiques.

Le fer est une substance ferromagnétique, le verre est non magnétique et un aimant est magnétique.

Réponse :

	Tige de fer	Tige de verre	Aimant
Tige de fer	×	×	A
Tige de verre	×	×	×
Aimant	A	×	A ou R

Problème 7

Les lignes sortent du pôle nord et entrent dans le pôle sud sur le schéma B.

Réponse :

B.

Problème 8

Le pôle nord de la boussole (la partie noire) est attiré par le pôle sud de l'aimant. Cette condition est respectée seulement sur le schéma D.

Réponse :

D.

Problème 9

Sur le schéma A, le sens des lignes n'est pas correct (elles doivent sortir du pôle nord).

Sur le schéma B, on rapproche les pôles différents, les champs ne devraient donc pas s'opposer.

Sur le schéma C, tous les critères sont respectés.

Sur le schéma D, les champs se complètent, en revanche le sens des lignes est incorrect.

Réponse :

C.

Problème 10

On trace d'abord les lignes du champ magnétique, après quoi on place l'aiguille de la boussole en respectant le critère selon lequel le pôle nord d'une boussole est attiré par le pôle sud de l'aimant. Autrement dit, le pôle nord de la boussole est toujours orienté dans le sens des lignes du champ magnétique.

Réponses :

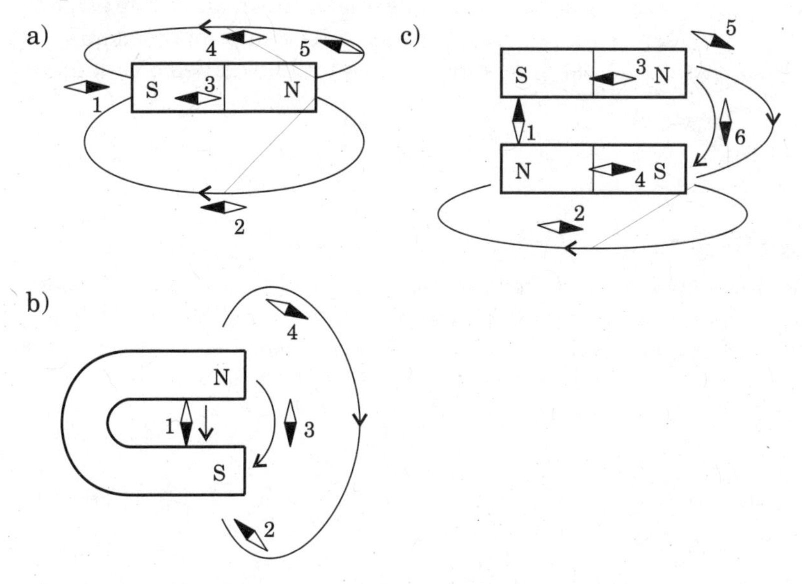

Problème 12

L'aiguille d'une boussole placée dans un champ magnétique suit la direction de la ligne du champ passant par l'endroit où elle est placée. Le pôle nord de l'aiguille indique le sens de la ligne du champ magnétique.

Réponse :

B.

Problème 17

À l'aide de la deuxième règle de la main droite, on identifie les deux pôles de chaque électro-aimant.

Réponse :

D.

Problème 18

Premièrement, on élimine les électro-aimants traversés par le courant le plus fort, donc ceux en B et en D. L'électro-aimant A possède un noyau de cuivre dont la perméabilité magnétique est plus basse que celle du fer. L'intensité du champ magnétique de l'électro-aimant A est donc plus faible que celle de l'électro-aimant C.

Réponse :

A.

Problème 19

Les pôles opposés s'attirent et les pôles semblables se repoussent. Dans chaque situation, on trouve le pôle nord de l'électro-aimant, puis, à l'aide de la règle de la main droite, le sens du courant.

Réponses :

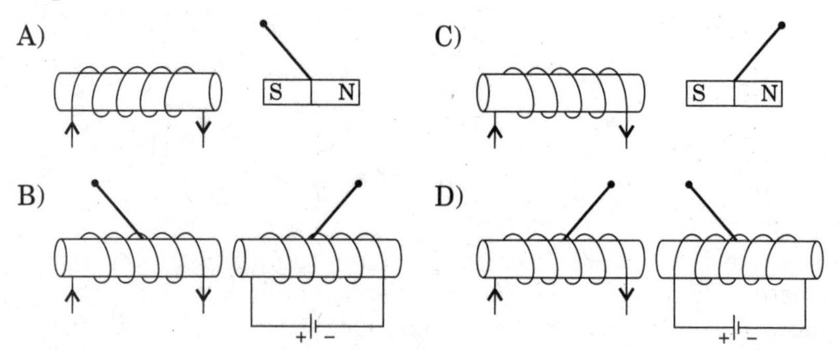

Problème 20

Parmi deux solénoïdes, celui dont l'intensité du champ magnétique est la plus élevée est celui qui est capable de soulever la masse la plus élevée. L'intensité du champ magnétique d'un solénoïde est directement proportionnelle au nombre de spires et à l'intensité du courant électrique traversant le fil. Les solénoïdes A et C sont traversés par le même courant, mais le solénoïde C ayant plus de spires, il sera plus fort. Il reste à faire un choix entre les solénoïdes B et C. Ils ont tous les deux le même nombre de spires, mais le solénoïde B est traversé par un courant plus élevé et il sera donc plus puissant.

Réponse :

B.

Problème 21

L'intensité du champ magnétique est directement proportionnelle à l'intensité du courant qui traverse le fil électrique. Une augmentation de l'intensité du courant permettra alors d'augmenter la puissance de cet électro-aimant.

Réponse :

B.

Problème 24

Le cuivre est un métal et les métaux sont les meilleurs conducteurs de l'électricité.

Réponse :

A.

Problème 25

Le fil d'alimentation de la radio doit être recouvert d'une enveloppe isolante.

Réponse :

A.

Problème 26

a) Il faut choisir un très bon conducteur.

b) Il faut choisir un isolant souple.

c) Il faut choisir un bon isolant qui résiste aux changements de température, de pression, d'humidité...

d) Il faut choisir un conducteur résistif.

Réponses :

a) Cuivre ou aluminium.
b) Plastique ou caoutchouc.
c) Porcelaine.
d) Tungstène.

Problème 27

Réponse :

C.

Problème 28

Les conducteurs les moins longs possèdent une meilleure conductibilité (F_1 et F_3).

Les conducteurs les plus gros ont une conductibilité plus élevée (F_1 et F_2).

Lorsque la température monte dans un conducteur, les électrons, plus excités, entrent plus souvent en collision, ce qui nuit à leur passage dans le conducteur. La conductibilité d'un conducteur froid est donc plus élevée que celle d'un conducteur chaud (F_1 et F_4).

Réponse :

F_1.

Problème 32

Réponses :

a) Les appareils 2, 5, 7 et 8 sont tous des ampèremètres.

   Les ampèremètres 2 et 8 mesurent l'intensité du courant qui sort de la source et celle du courant qui traverse le résistor R_1.

   L'ampèremètre 5 mesure l'intensité du courant qui traverse les résistors R_2 et R_3.

   L'ampèremètre 7 mesure l'intensité du courant qui traverse le résistor R_4.

b) Les appareils 1, 3, 4 et 6 sont des voltmètres.

   Le voltmètre 1 mesure la d.d.p. aux bornes de la source.

   Les voltmètres 3, 4 et 6 mesurent la tension aux bornes des résistors R_2, R_3 et R_4.

Problème 33

Réponse :

A.

Problème 37

Réponse :

Non, parce que le rapport $\frac{U}{I}$ n'est pas constant.

Problème 38

La conductance étant le coefficient de proportionnalité dans la relation $I = G \times U$, on a :

$$G = \frac{I}{U} = \frac{0{,}5\ A}{10\ V} = 0{,}05\ S$$

Réponse :

A.

Problème 39

On calcule la résistance de chaque résistor.

$$R_1 = \frac{U_1}{I_1} = \frac{10\ V}{10\ A} = 1\,\Omega \qquad R_2 = \frac{U_2}{I_2} = \frac{10\ V}{1\ A} = 10\ \Omega$$

$$R_3 = \frac{U_3}{I_3} = \frac{1\ V}{10\ A} = 0{,}1\ \Omega \qquad R_4 = \frac{U_4}{I_4} = \frac{4\ V}{2\ A} = 2\ \Omega$$

Réponse :

Le résistor 2.

Problème 45

Réponses :

a) Vrai.

b) Faux. Le voltmètre se branche en parallèle.

c) Vrai.

d) Vrai.

e) Vrai.

f) Faux. La résistance équivalente est égale à l'inverse de la somme des inverses des résistances.
g) Faux. Ces lois ont été énoncées par Kirchhoff.
h) Faux. C'est la loi d'Ohm.
i) Faux. C'est la somme des différences de potentiels pour une boucle fermée qui est égale à 0 (loi de Kirchhoff sur les tensions).
j) Vrai.

Problème 46

À tout point de jonction d'un circuit, la somme des courants qui y entrent est égale à la somme des courants qui en sortent. La somme algébrique des courants en un point d'un circuit est donc nulle.

$I_1 + I_2 + I_3 + I_4 + I_5 + I_6 + I_7 = 0$

Les courants entrants seront notés positifs (ex. : +2 A) et les courants sortants seront notés négatifs (ex. : – 6 A). Les courants dont on ne connaît pas le sens sont notés ± (ex. : ± 3 A). Il faut donc déterminer quel signe doit précéder chacun de ces courants pour que la somme soit nulle.

$I_1 + I_2 + I_3 + I_4 + I_5 + I_6 + I_7 = 0$

$-1\text{ A} + 2\text{ A} \pm 3\text{ A} + 4\text{ A} \pm 5\text{ A} - 6\text{ A} \pm 7\text{ A} = 0$

En faisant la somme des courants dont le signe est déjà déterminé, on obtient : –1 A. On peut facilement trouver que la combinaison $I_3 = +3$ A (courant entrant), $I_5 = +5$ A (courant entrant) et $I_7 = -7$ A (courant sortant) donne la somme 0.

Réponse :

Les courants I_3 et I_5 sont entrants et le courant I_7 est sortant.

Problème 47

Dans une boucle fermée, la tension aux bornes de la source est égale à la somme des tensions aux bornes des autres éléments du circuit.

Réponse :

D.

Problème 48

Le tableau des données et des mesures recherchées pour ce circuit est :

Résistor	R_1	R_2	R_3	Circuit équivalent simple
d.d.p.	$U_1 = 15$ V	$U_2 = 15$ V	$U_3 = 15$ V	$U_S = 15$ V $U_S = U_1 = U_2 = U_3$
Intensité	$I_1 = 0{,}05$ A	$I_2 = 0{,}2$ A		It $It = I_1 + I_2 + I_3$
Résistance			$R_3 = ?$	$R_{éq} = 30\ \Omega$ $\frac{1}{R_{éq}} = \frac{1}{R_1} + \frac{1}{R_2} + \frac{1}{R_3}$

Dans la dernière colonne, on connaît deux mesures. On peut alors trouver l'intensité du courant qui circule dans le circuit principal.

1re étape : calcul de I_t (loi d'Ohm).

$$U_S = R_{éq} \times I_t \Rightarrow I_t = \frac{U_S}{R_{éq}} = \frac{15\text{ V}}{30\ \Omega} = 0{,}5\text{ A}$$

2e étape : Calcul de I_3 (loi de Kirchhoff des courants).

$$I_t = I_1 + I_2 + I_3 \Rightarrow I_3 = I_t - I_1 - I_2 = 0{,}5\text{ A} - 0{,}05\text{ A} - 0{,}2\text{ A} = 0{,}25\text{ A}$$

3e étape : Calcul de R_3 (loi d'Ohm).

$$U_3 = R_3 \times I_3 \Rightarrow R_3 = \frac{U_3}{I_3} = \frac{15\text{ V}}{0{,}25\text{ A}} = 60\ \Omega$$

Réponse :

$R_3 = 60\ \Omega$

Problème 49

Lorsque l'interrupteur est ouvert, le circuit ne contient qu'un seul résistor (circuit simple), R_1. Puisque l'on connaît la résistance et l'intensité du courant, on peut trouver la force électromotrice de la source (loi d'Ohm).

On a : $U_S = R_1 \times I = 4\ \Omega \times 2\text{ A} = 8\text{ V}$

Lorsque l'interrupteur est fermé, les deux résistors sont branchés en parallèle.

On construit le tableau des données et des mesures recherchées pour ce circuit afin d'élaborer le plan de la démarche.

Résistor	R_1	R_2	Circuit équivalent simple
d.d.p.	$U_1 = 8$ V	$U_2 = 8$ V	$U_S = 8$ V, $U_S = U_1 = U_2$
Intensité			$I_t = ?$, $I_t = I_1 + I_2$
Résistance	$R_1 = 4\ \Omega$	$R_2 = 2\ \Omega$	

Dans les colonnes de R_1 et R_2, figurent deux mesures. On peut donc trouver l'intensité du courant traversant chacun des deux résistors.

1re étape : Calcul de I_1 (loi d'Ohm).

$$U_1 = R_1 \times I_1 \Rightarrow I_1 = \frac{U_1}{R_1} = \frac{8\ \text{V}}{4\ \Omega} = 2\ \text{A}$$

2e étape : Calcul de I_2 (loi d'Ohm).

$$U_2 = R_2 \times I_2 \Rightarrow I_2 = \frac{U_2}{R_2} = \frac{8\ \text{V}}{2\ \Omega} = 4\ \text{A}$$

3e étape : Calcul de I_t (loi de Kirchhoff).

$$I_t = I_1 + I_2 = 2\ \text{A} + 4\ \text{A} = 6\ \text{A}$$

Réponse :

6 A.

Problème 50

a) Le tableau des données et des mesures recherchées pour ce circuit est :

Résistor	R_2	R_3	$R_{2,3}$
d.d.p.			$U_{2,3} = 30$ V
Intensité			
Résistance	$R_2 = 5\ \Omega$	$R_3 = 10\ \Omega$	

(suite du tableau)

Résistor	R_1	Circuit équivalent simple $R_{(2,3),1}$
d.d.p.	$U_1 = 30$ V	$U_S = 30$ V, $U_S = U_1 = U_{2,3}$
Intensité		$I_t = 5$ A
Résistance	$R_1 = ?$	

1re étape : Calcul de la résistance équivalente (loi d'Ohm).

$$U_S = R_{éq} \times I_t \Rightarrow R_{éq} = \frac{U_S}{I_t} = \frac{30\ V}{5 A} = 6\ \Omega$$

2e étape : Calcul de la résistance équivalente $R_{2,3}$ (en série).

$$R_{2,3} = R_2 + R_3 = 5\ \Omega + 10\ \Omega = 15\ \Omega$$

3e étape : Calcul de la résistance R_1 (R_1 et $R_{2,3}$ sont branchés en parallèle).

$$R_{éq} = \frac{1}{R_{éq}} \quad \frac{1}{R_{éq}} = \frac{1}{R_{2,3}} + \frac{1}{R_1} \quad \Rightarrow \frac{1}{R_1} = \frac{1}{6\ \Omega} - \frac{1}{15\ \Omega} \quad = \frac{3}{30 \Omega}$$

$$\Rightarrow R_1 = 10\ \Omega$$

b) Le tableau des données et des mesures recherchées pour ce circuit est :

Résistor	R_1	R_2	R_3	$R_{1,2,3}$	R_5	R_6	R_7	$R_{5,6,7}$
d.d.p.				6 V				6 V
Intensité								
Résistance	2 Ω	3 Ω	10 Ω		5 Ω	10 Ω	5 Ω	

(suite du tableau)

Résistor	$R_{1,2,3}$	$R_{5,6,7}$	R_4	Circuit équivalent simple $R_{(1,2,3),4,(5,6,7)}$
d.d.p.	6 V	6 V	6 V	$U_S = 6$ V $U_S = U_{1,2,3} = U_4 = U_{5,6,7}$
Intensité				$I_t = ?$ $I_t = I_{1,2,3} + I_4 + I_{5,6,7}$
Résistance			10 Ω	

1re étape : Calcul de I_4 (loi d'Ohm).

$$U_4 = R_4 \times I_4 \Rightarrow I_4 = \frac{U_4}{R_4} = \frac{6 V}{10\ \Omega} = 0{,}6 A$$

2e étape : Calcul de $R_{1,2,3}$ (en série) et de l'intensité du courant circulant dans les résistors R_1, R_2 et R_3 (loi d'Ohm).

$$R_{1,2,3} = R_1 + R_2 + R_3 = 2\ \Omega + 3\ \Omega + 10\ \Omega = 15\ \Omega$$

$$I_1 = I_2 = I_3 = \frac{6\ V}{15\ \Omega} = 0{,}4\ A$$

3e étape : Calcul de $R_{5,6,7}$ (en parallèle) et de l'intensité $I_{5,6,7}$ (loi d'Ohm).

$$\frac{1}{R_{5,6,7}} = \frac{1}{R_5} + \frac{1}{R_6} + \frac{1}{R_7} = \frac{1}{5\,\Omega} + \frac{1}{10\,\Omega} + \frac{1}{5\,\Omega} = \frac{5}{10\,\Omega} \Rightarrow R_{5,6,7} = 2\ \Omega$$

$$I_{5,6,7} = \frac{6\ \text{V}}{2\ \Omega} = 3\ \text{A}$$

4e étape : Calcul de I_t (loi de Kirchhoff sur les courants).

$$I_t = I_1 + I_4 + I_{5,6,7} = 0,4\ \text{A} + 0,6\ \text{A} + 3\ \text{A} = 4\ \text{A}$$

c) Le tableau des données et des mesures recherchées pour ce circuit est :

Résistor	R_2	R_3	$R_{2,3}$	R_4	R_5	R_6	$R_{4,5,6}$	$R_{(2,3),(4,5,6)}$
d.d.p.								
Intensité								
Résistance	2 Ω	3 Ω		5 Ω	5 Ω	2,5 Ω		

(suite du tableau)

Résistor	$R_{(2,3),(4,5,6)}$	R_1	R_7	**Circuit éqivalent simple** $R_{((2,3),(4,5,6)),1,7}$
d.d.p.				U_S = 18 V
Intensité				I_t = 3 A
Résistance		R_1 = ?	3 Ω	

1re étape : Calcul de $R_{éq}$ (loi d'Ohm).

$$R_{éq} = \frac{U_S}{I_t} = \frac{18\ \text{V}}{3\ \text{A}} = 6\ \Omega$$

2e étape : Calcul des résistances équivalentes dans les branches, $R_{2,3}$ (en série), $R_{4,5,6}$ (en parallèle) et $R_{(2,3),(4,5,6)}$ (en parallèle).

$$R_{2,3} = R_2 + R_3 = 2\ \Omega + 3\ \Omega = 5\ \Omega$$

$$\frac{1}{R_{4,5,6}} = \frac{1}{R_4} + \frac{1}{R_5} + \frac{1}{R_6} = \frac{1}{5\ \Omega} + \frac{1}{5\ \Omega} + \frac{1}{2,5\ \Omega} \Rightarrow R_{4,5,6} = 1,25\ \Omega$$

$$\frac{1}{R_{(2,3),(4,5,6)}} = \frac{1}{R_{2,3}} + \frac{1}{R_{4,5,6}} = \frac{1}{5\ \Omega} + \frac{1}{1,25\ \Omega} = \frac{5}{5\ \Omega} \Rightarrow R_{(2,3),(4,5,6)} = 1\ \Omega$$

3e étape : Calcul de la résistance R_1 (le résistor R_1 est monté en série avec R_7 et $R_{(2,3),\,(4,5,6)}$).

$R_{éq} = R_1 + R_{(2,3),(4,5,6)} + R_7 \Rightarrow R_1 = R_{éq} - R_{(2,3),(4,5,6)} - R_7$
$= 6\ \Omega - 1\ \Omega - 3\ \Omega = 2\ \Omega$

Réponses :

a) 10 Ω.

b) 4 A.

c) 2 Ω.

Problème 55

a) Données : U = 120 V   Ce que l'on cherche : I

P = 100 W   Formule : $P = U \times I \Rightarrow I = \frac{P}{U}$

Calcul :

$$I = \frac{P}{U} = \frac{100\ W}{120\ V} = 0{,}833\ A$$

b) Données : U = 120 V

P = 100 W = 0,1 kW

I = 0,833 A

t = 6 heures × 61 = 366 heures

Tarif = 0,05 $\$/_{heure}$

Ce que l'on cherche : Coût d'utilisation

Formule : Coût = E × 0,05 $\$/_{heure}$ = P × t × 0,05 $\$/_{heure}$

Calcul :

Coût = 0,1 kW × 366 heures × 0,05 $\$/_{heure}$ = 1,83 $

Réponses :

a) 0,83 A.

b) 1,83 $.

Problème 56

Réponse :

Plus le débit de charge électrique **augmente**, plus l'intensité du courant augmente. Au fur et à mesure que l'on branche des piles en série, la différence de potentiel **augmente**. Lorsque les électrons effectuent un travail (pour traverser le circuit ou les résistors), le potentiel de ces électrons **diminue** et la différence de potentiel **augmente**. Plus l'énergie consommée dans le circuit augmente, plus la différence de potentiel **augmente** lorsque l'intensité du courant est **constante**.

Problème 57

Réponse :

Notion	Formule	Unité
Courant électrique	$I = \frac{Q}{t}$	Ampère (A)
Tension	$U = R \times I$	Volt (V)
Puissance	$P = U \times I$	Watt (W)
Énergie	$E = P \times t$	Joule (J)

Problème 58

Données : R = 50 W — Ce que l'on cherche : P

U = 120 V — Formule : $P = U \times I$

Calcul :

1re étape : Calcul de l'intensité I (loi d'Ohm).

$$U = R \times I \Rightarrow I = \frac{U}{R} = \frac{120\text{ V}}{50\ \Omega} = 2{,}4\text{ A}$$

2e étape : Calcul de la puissance P.

$$P = U \times I = 120\text{ V} \times 2{,}4\text{ A} = 288\text{ W}$$

Réponse :

288 W.

Problème 59

L'appareil le plus coûteux est celui qui consomme le plus d'énergie ($E = P \times t$), donc l'appareil dont la puissance est la plus élevée.

La puissance de l'appareil 1 est de 800 W.

La puissance de l'appareil 2 est de 480 W. En effet, d'après les indications de la plaque signalétique, on a :

$P = U \times I = 240\ V \times 2\ A = 480\ W$

La puissance de l'appareil 3 est de 1 200 W.

La puissance de l'appareil 4 est de 1 440 W. En effet :

$P = U \times I = 120\ V \times 12\ A = 1\ 440\ W$

Réponse :

Appareil 4.

Problème 60

Données : $U = 120\ V$
$I = 12{,}5\ A$
$f = 60\ Hz$
$P = 1\ 500\ W = 1{,}5\ kW$
$t = 330\ h$

Ce que l'on cherche : Coût d'utilisation

Formule : Coût d'utilisation = $E \times 0{,}05\ ^{\$}/_{kW\ h}$

Calcul :

1re étape : Calcul de l'énergie consommée en kWh.

$E = P \times t = 1{,}5\ kW \times 330\ h = 495\ kWh$

2e étape : Calcul du coût d'utilisation.

Coût = $495\ kWh \times 0{,}05\ ^{\$}/_{kW\ h} = 24{,}75\ \$$

Réponse :

B (24,75 $).

Problème 61

Données : $E = 900\ kJ$
$= 900\ 000\ J$
$t = 15\ min = 900\ s$

Ce que l'on cherche : P

Formule : $P = \frac{E}{t}$

Calcul :

$$P = \frac{900\ 000\ J}{900\ s} = 1\ 000\ W$$

Réponse :

1 000 W.

Problème 62

a) Données: $R = 10$ W Ce que l'on cherche : P

$U = 120$ V Formule : $P = U \times I$

Calcul :

1re étape : Calcul de l'intensité I (loi d'Ohm).

$$U = R \times I \Rightarrow I = \frac{U}{R} = \frac{120\,\text{V}}{10\,\Omega} = 12\text{ A}$$

2e étape : Calcul de la puissance P.

$P = U \times I = 120\text{ V} \times 12\text{ A} = 1\,440\text{ W}$

b) Données : $P = 1\,440$ W Ce que l'on cherche : E

$t = 1$ heure Formule : $E = P \times t$

$= 3\,600$ s

Calcul :

$E = P \times t = 1\,440\text{ W} \times 3\,600\text{ s} = 5\,184\,000\text{ J} = 5\,184\text{ kJ}$

Réponses :

a) 1 440 W.

b) 5 184 kJ.

Problème 63

Données : $P = 150$ W (ampoule ordinaire)

$t = 10\text{ h} \times 365 = 3\,650\text{ h}$

$P = 90$ W (ampoule halogène)

Tarif $= 0{,}05\ \$/\text{kW h}$

Ce que l'on cherche : Économies

Formule : Coût = E × tarif

Calcul :

1re étape : Calcul du coût d'utilisation d'une ampoule ordinaire.

- Calcul de l'énergie consommée (en kilowatt/heures) :

  $E = P \times t = 0{,}15\text{ kW} \times 3\,650\text{ h} = 547{,}5\text{ kWh}$

- Calcul du coût :

Coût = 547,5 kWh × 0,05 $\$/_{kW\,h}$ = 27,38 $

2e étape : Calcul du coût d'utilisation d'une ampoule halogène.

- Calcul de l'énergie consommée (en kilowatt/heures) :

  E = P × t = 0,09 kW × 3 650 h = 328,5 kWh

- Calcul du coût :

  Coût = 328,5 kWh × 0,05 $\$/_{kW\,h}$ = 16,43 $

3e étape : Calcul des économies.

27,38 $ – 16,43 $ = 10,95 $

Réponse :

10,95 $.

Problème 69

Données : m = 120 g Ce que l'on cherche : Q

t_i = 22 °C Formule : Q = m c Δt

t = 10 min (donnée inutile)

t_f = 27 °C

c = 4,19 $J/_{g \times °C}$

Calcul :

$Q = m\,c\,\Delta t = 120\text{ g} \times 4{,}19\ J/_{g\times°C} \times (27\ °C - 22\ °C) = 2\ 514\text{ J}$

= 2,514 kJ

Réponse :

2 514 J ou 2,514 kJ.

Problème 70

Données : m = 3 500 g Ce que l'on cherche : Q

t_i = 20 °C Formule : Q = m c Δt

t_f = 200 °C

c = 0,13 $J/_{g \times °C}$

Calcul :

$Q = m\,c\,\Delta t = 3\ 500\text{ g} \times 0{,}13\ J/_{g\times°C} \times (200\ °C - 20\ °C) = 81\ 900\text{ J}$

Réponse :

C.

Problème 71

Données : $m = 5\ 000$ g

$t_i = 5$ °C

$c = 2{,}2\ J/(g \times °C)$

$Q = 935\ 000$ J

Ce que l'on cherche : t_f

Formule : $Q = m\ c\ \Delta t$

Calcul :

1re étape : Calcul de Δt.

$$\Delta t = \frac{Q}{mc} = \frac{935\ 000\ J}{5\ 000\ g \times 2{,}2\ J/(g \times °C)} = 85\ °C$$

2e étape : Calcul de t_f.

$$\Delta t = t_f - t_i \Rightarrow t_f = t_i + \Delta t = 5\ °C + 85\ °C = 90\ °C$$

Réponse :

C.

Problème 72

Données : $I = 10$ A, $U = 120$ V, $t = 5$ s, $t_i = 30$ °C, $t_f = 60$ °C, $c = 4{,}19\ J/(g \times °C)$

Ce que l'on cherche : m

Formule : $E_{électrique} = E_{thermique}$

$$U \times I \times t = m\ c\ (t_f - t_i) \Rightarrow m = \frac{U \times I \times t}{c \times (t_f - t_i)}$$

Calcul :

$$m = \frac{U \times I \times t}{c \times \Delta t} = \frac{120\ V \times 10\ A \times 5\ s}{4{,}19\ J/(g \times °C) \times (60°C - 30°C)} = 47{,}7\ g$$

Réponse :

47,7 g.

Problème 73

Données : $m = 1\,000$ g Ce que l'on cherche : $E_{électrique}$

$t_i = 20$ °C

$t_f = 100$ °C

$c = 4{,}19\ J/_{g \times °C}$

Formule : $E_{électrique} = E_{thermique} = m\,c\,(t_f - t_i)$

Calcul :

$E_{électrique} = 1\,000\ g \times 4{,}19\ J/_{g \times °C} \times (100\ °C - 20\ °C) = 335\,200\ J$

Réponse :

B.

Problème 77

Réponse :

A et d. B et a. C et b. D et c. E et e.

Problème 78

Réponse :

Mode de production	Processus de transformation de l'énergie
Centrale thermo-nucléaire	Énergie nucléaire → Énergie thermique (vapeur d'eau) → Énergie mécanique (turbine) → Énergie électrique (alternateur)
Centrale hydro-électrique	Énergie mécanique (eau) → Énergie mécanique → Énergie électrique
Centrale thermo-solaire mécanique	Énergie lumineuse → Énergie thermique → Énergie cinétique (vapeur) → Énergie mécanique → Énergie électrique (alternateur)
Centrale à éoliennes	Énergie mécanique cinétique (vent) → Énergie mécanique (turbine) → Énergie électrique
Centrale thermique à gaz	Énergie chimique (gaz) → Énergie thermique → Énergie cinétique (particules de gaz) → Énergie mécanique (turbine) → Énergie électrique (alternateur)

Mode de production	Processus de transformation de l'énergie
Centrale thermique (moteur Diesel)	Énergie chimique (carburant) → Énergie thermique → Énergie mécanique (moteur) → Énergie électrique (alternateur)

Problème 79

1. Faux. Les centrales hydroélectriques sont construites dans des endroits sillonnés de rivières à grand débit.

   Les choix A et B sont donc à rejeter.

3. Faux. La construction d'une centrale hydroélectrique exige l'inondation de vastes territoires, ce qui perturbe la faune.

Réponse :

D.

Problème 80

Réponse :

B.

Problème 81

Réponse :

B.

Vérifiez vos acquis

Section A

1. B 2. C 3. A 4. D 5. D 6. B 7. C
8. A 9. D 10. A 11. D 12. C 13. D 14. A

Section B

1. Si les boules A et B se repoussent, elles ont la même charge.

Si les boules B et C s'attirent, c'est qu'elles sont de charges différentes.

Si les boules A et C s'attirent, c'est qu'elles sont de charges différentes.

Il y a deux solutions :

la boule A est chargée positivement,
la boule B est chargée positivement,
la boule C est chargée négativement.

OU

la boule A est chargée négativement,
la boule B est chargée négativement,
la boule C est chargée positivement.

2. Un électro-aimant a la possibilité d'être aimanté temporairement, contrairement à un aimant naturel, qui reste aimanté en permanence. Un électro-aimant demeure aimanté lorsqu'il y a du courant dans le circuit et perd son aimantation lors de l'interruption du courant. La force d'un électro-aimant est contrôlable par l'intensité du courant, ce qui n'est pas le cas d'un aimant naturel.

3. La conductance d'un élément de circuit est déterminée par le rapport entre la variation de courant et la variation de tension.

$$G = \frac{I_2 - I_1}{U_2 - U_1} = \frac{1{,}0\,A - 0{,}2\,A}{6{,}0\,V - 1{,}0\,V} = \frac{0{,}8\,A}{5{,}0\,V} = 0{,}16\,S$$

4. La conductance d'un élément de circuit est déterminée par le rapport entre la variation de courant et la variation de tension.

$$G = \frac{I_2 - I_1}{U_2 - U_1} = \frac{2{,}5\,A - 0{,}5\,A}{50{,}0\,V - 10{,}0\,V} = \frac{2{,}0\,A}{40{,}0\,V} = 0{,}05\,S$$

5. La conductance d'un élément de circuit est déterminée par le rapport entre la variation de courant et la variation de tension.

L'appareil A.

L'appareil A a la plus grande variation de courant pour une même variation de tension, il a donc la plus grande conductance.

6. On écrit les données et ce que l'on cherche dans un tableau comme le suivant :

Résistor	R_1	R_2	R_3	$R_{4.}$	Circuit équivalent simple
d.d.p					$U_S = 9$ V
Intensité					$I_t = ?$
Résistance	2 Ω	4 Ω	7 Ω	5 Ω	

1re étape : Calcul de la résistance équivalente (en série).

$R_t = 2\ \Omega + 4\ \Omega + 7\ \Omega + 5\ \Omega = 18\ \Omega$

2e étape : Calcul de l'intensité totale (loi d'Ohm).

$$U_S = R_{éq} \times I_t \Rightarrow I_t = \frac{U_S}{R_{éq}} = \frac{9\,V}{18\ \Omega} = 0{,}5\ A$$

L'ampèremètre indiquera 0,5 A.

7. a) $I_t = I_2 + I_3 + I_4 \Rightarrow I_3 = I_t - I_2 - I_4 = 6\ A - 3\ A - 1\ A = 2\ A$

b) L'ampèremètre indiquera 6 A.

Dans l'ampèremètre 5 circule le même courant que dans l'ampèremètre 1.

8. En premier lieu, on doit trouver la valeur de R_1 dans le premier circuit.

On écrit les données et ce que l'on cherche dans un tableau.

Note

La tension aux bornes du résistor R_1 et celle aux bornes du résistor R_2 sont de 120 V (circuit en parallèle).

Résistor	R_1	R_2	Circuit équivalent simple
d.d.p.	120 V	120 V	$U_S = 120$ V $U_S = U_1 = U_2$
Intensité	1 A		$I_t = 3$ A
Résistance	$R_1 = ?$	60 Ω	

Calcul de la résistance R_1 (loi d'Ohm)

$$U_1 = R_1 \times I_1 \Rightarrow R_1 = \frac{U_1}{I_1} = \frac{120\ V}{1\ A} = 120\ \Omega$$

Le tableau des données et de ce que l'on cherche pour le circuit n° 2 est :

Résistor	R_1	R_2	Circuit équivalent simple
d.d.p.			$U_S = 120$ V
Intensité			$I_t = ?$
Résistance	120 Ω	60 Ω	

1re étape : Calcul de la résistance équivalente (en série).

$$R_{éq} = R_1 + R_2 = 120\ \Omega + 60\ \Omega = 180\ \Omega$$

2e étape : Calcul de l'intensité totale (loi d'Ohm).

$$U_S = R_{éq} \times I_t \Rightarrow I_t = \frac{U_S}{R_{éq}} = \frac{120\ V}{180\ \Omega} = 0{,}67\ A$$

9. Il faut d'abord déterminer le courant total dans le premier circuit.

On écrit dans un tableau les données et ce que l'on cherche.

Résistor	R_1	R_2	R_3	Circuit équivalent simple
d.d.p.				$U_S = 12$ V
Intensité				$I_t = ?$
Résistance	3 Ω	9 Ω	12 Ω	

1re étape : Calcul de la résistance équivalente (en série).

$$R_t = R_1 + R_2 + R_3 = 3\ \Omega + 9\ \Omega + 12\ \Omega = 24\ \Omega$$

2e étape : Calcul de l'intensité totale (loi d'Ohm).

$$U_S = R_{éq} \times I_t \Rightarrow I_t = \frac{U_S}{R_{éq}} = \frac{12\ V}{24\ \Omega} = 0{,}5\ A$$

Le courant dans le second circuit doit être 10 fois supérieur, soit :

$10 \times 0{,}5\ A = 5\ A$

La résistance équivalente dans le second circuit est donc :

$$R_{éq} = \frac{U_S}{I_t} = \frac{12\ V}{5\ A} = 2{,}4\ \Omega$$

À l'aide des résistors disponibles de 3 Ω, 9 Ω et 12 Ω, on doit trouver une combinaison possible de deux de ces résistors pour obtenir une résistance équivalente de 2,4 Ω.

La combinaison des résistors de 3 Ω et de 9 Ω donne :

$$\frac{1}{3\ \Omega} + \frac{1}{9\ \Omega} = \frac{4}{9\ \Omega} \Rightarrow R_{éq} = 2{,}25\ \Omega$$

Celle de 3 Ω et de 12 Ω donne :

$$\frac{1}{3\ \Omega} + \frac{1}{12\ \Omega} = \frac{5}{12\ \Omega} \Rightarrow R_{éq} = 2{,}4\ \Omega$$

L'élève doit donc utiliser le résistor de 3 Ω et celui de 12 Ω.

10. On écrit dans deux tableaux les données et ce que l'on cherche, puis on suit les étapes des calculs :

Circuit n° 1

Résistor	R_1	R_2	R_3	Circuit équivalent simple
d.d.p.				$U_S = 9$ V
Intensité				$I_t = ?$
Résistance	15 Ω	40 Ω	20 Ω	

1re étape : Calcul de la résistance équivalente (en série).

$$R_{éq} = R_1 + R_2 + R_3 = 15\ \Omega + 40\ \Omega + 20\ \Omega = 75\ \Omega$$

2e étape : Calcul de l'intensité totale (loi d'Ohm).

$$U_S = R_{éq} \times I_t \Rightarrow I_t = \frac{U_S}{R_{éq}} = \frac{9\text{ V}}{75\ \Omega} = 0{,}12\text{ A}$$

Circuit n° 2

Résistor	R_1	R_2	Circuit équivalent simple
d.d.p.			$U_S = 12$ V
Intensité			$I_t = ?$
Résistance	300 Ω	300 Ω	

1re étape : Calcul de la résistance équivalente (en parallèle).

$$\frac{1}{R_{éq}} = \frac{1}{R_1} + \frac{1}{R_2} = \frac{1}{300\ \Omega} + \frac{1}{300\ \Omega} = \frac{1}{150\ \Omega} \Rightarrow R_{éq} = 150\ \Omega$$

2e étape : Calcul de l'intensité totale (loi d'Ohm).

$$U_S = R_{éq} \times I_t \Rightarrow I_t = \frac{U_S}{R_{éq}} = \frac{12\,V}{150\,\Omega} = 0,08\ A$$

Ainsi l'ampèremètre du premier circuit indique la plus grande intensité.

11. Dans un montage uniquement en série, on doit additionner les résistances pour obtenir la résistance équivalente. Ici, aucune combinaison de résistances n'est possible. Il faut étudier les possibilités de résistances en parallèle (ou bien de circuit mixte, soit de résistors en série et en parallèle, en SCP 436).

Nous vous indiquons ici deux possibilités (il y en a plusieurs autres).

1re possibilité : On branche les deux résistors de 20 Ω en parallèle. En effet :

$$\frac{1}{20\ \Omega} + \frac{1}{20\ \Omega} = \frac{1}{10\ \Omega} \Rightarrow R_{éq} = 10\ \Omega$$

2e possibilité : On branche trois résistors en parallèle, deux de 40 Ω et un de 20 Ω. On a alors :

$$\frac{1}{40\ \Omega} + \frac{1}{40\ \Omega} + \frac{1}{20\ \Omega} = \frac{4}{40\ \Omega} \Rightarrow R_{éq} = 10\ \Omega$$

3e possibilité (SCP 436) : On branche le résistor de 5 Ω et celui de 15 Ω en série, ce qui donne une résistance équivalente de 20 Ω. On combine ce branchement en parallèle avec le résistor de 20 Ω, ce qui donne une résistance équivalente à 10 Ω.

12. Données : $R_1 = 6\ \Omega$ Ce que l'on cherche : $R_{éq}$

$R_2 = 12\ \Omega$ Formule : $\frac{1}{R_{éq}} = \frac{1}{R_1} + \frac{1}{R_2}$

Calcul :

$$\frac{1}{R_{éq}} = \frac{1}{R_1} + \frac{1}{R_2} = \frac{1}{6\ \Omega} + \frac{1}{12\ \Omega} = \frac{3}{12\ \Omega} \Rightarrow R_{éq} = 4\ \Omega$$

13. Données : $P_1 = 60$ W Ce que l'on cherche : le coût.

$P_2 = 600$ W Formule : Coût = E × taux

t = 1,5 heures

$$\text{Taux} = 0{,}048 \ \$/\text{kWh}$$

Calculs :

1re étape : Calcul de la puissance totale (en kW).

$P_t = P_1 + P_2 = 60\ \text{W} + 600\ \text{W} = 660\ \text{W} = 0{,}66\ \text{kW}$

2e étape : Calcul de l'énergie consommée (en kWh).

$E = P \times t = 0{,}66\ \text{kW} \times 1{,}5\ \text{h} = 0{,}99\ \text{kWh}$

3e étape : Calcul du coût.

$\text{Coût} = E \times \text{taux} = 0{,}99\ \text{kWh} \times 0{,}048\ \$/\text{kWh} = 0{,}048\ \$$

14. Ici, il faut comparer les coûts d'utilisation annuelle de deux moteurs.

Données :	Moteur 1	Moteur 2
	$U_1 = 110\ \text{V}$	$U_2 = 110\ \text{V}$
	$I_1 = 2{,}0\ \text{A}$	$I_2 = 1{,}4\ \text{A}$
	Prix : 210 $	Prix = 230 $
	$t = 365 \times 24\ \text{h}$	$t = 365 \times 24\ \text{h}$
	$\text{Taux} = 0{,}05\ \$/\text{kWh}$	$\text{taux} = 0{,}05\ \$/\text{kWh}$

Ce que l'on cherche : Coût d'utilisation annuelle

Formule : $\text{Coût} = E \times \text{taux}$

Calcul :

1re étape : Calcul de la puissance (en kW) de chacun des moteurs.

$P_1 = U_1 \times I_1 = 110\ \text{V} \times 2{,}0\ \text{A} = 220\ \text{W} = 0{,}22\ \text{kW}$

$P_2 = U_2 \times I_2 = 110\ \text{V} \times 1{,}4\ \text{A} = 154\ \text{W} = 0{,}154\ \text{kW}$

2e étape : Calcul de l'énergie consommée (en kWh) par chacun des moteurs.

$E_1 = P_1 \times t_1 = 0{,}22\ \text{kW} \times 8\ 760\ \text{h} = 1\ 927{,}2\ \text{kWh}$

$E_2 = P_2 \times t_2 = 0{,}154\ \text{kW} \times 8\ 760\ \text{h} = 1\ 349{,}04\ \text{kWh}$

3e étape : Calcul du coût d'utilisation de chacun des moteurs.

Moteur 1 : $\text{Coût} = E_1 \times \text{taux} = 1\ 927{,}2\ \text{kWh} \times 0{,}05\ \$/\text{kWh}$

$= 96{,}36\ \$$

Moteur 2 : $\text{Coût} = E_2 \times \text{taux} = 1\ 349{,}04\ \text{kWh} \times 0{,}05\ \$/\text{kWh}$

$= 67{,}45\ \$$

Compte tenu du coût d'achat de chacun des moteurs, on obtient le coût total :

96,36 $ + 210 $ = 306,36 $ pour le moteur 1

et

67,45 $ + 230 $ = 297,45 $ pour le moteur 2.

Après un an d'utilisation, le moteur 2 est donc plus économique que le moteur 1.

15. On trouve d'abord l'énergie thermique nécéssaire pour monter la température de 1 000 g d'eau de 15 °C à 90 °C.

Données : $m = 1\,000$ g

$t_i = 15$ °C

$t_f = 90$ °C

$c_{H_2O} = 4{,}19\ J/g\times°C$

Ce que l'on cherche : E_{th}

Formule : $E_{th} = m\ c\ \Delta t$

Calcul :

$E_{th} = 1\,000\ g \times 4{,}19\ J/g\times°C \times (90\ °C - 15\ °C) = 314\,250\ J$

$= 314{,}25\ kJ$

L'énergie électrique fournie est de 350 kJ. Or, il suffit de 314,25 kJ pour chauffer l'eau.

La quantité d'énergie électrique qui ne se trouve pas sous forme calorifique dans l'eau est :

350 kJ – 314,25 kJ = 35,75 kJ

MODULE III

Problème 5

Certaines propriétés permettent de différencier des substances. Le papier tournesol rougit en présence d'un acide, bleuit en présence d'une base et ne change pas de couleur en présence d'un sel. La conductibilité électrique est une propriété commune aux trois groupes; elle ne permet donc pas de distinguer les bases, les acides ni les sels en solution aqueuse. La réaction avec les métaux indique la présence d'un acide. Si la solution ne réagit pas avec les métaux, on ne peut pas déterminer s'il s'agit d'une solution basique ou d'une solution saline.

Réponses :

a) Goût, réaction avec le papier tournesol.

b) Conductibilité électrique.

Problème 6

Réponse :

Solution 1 : sel.

Solution 2 : base.

Solution 3 : sel.

Solution 4 : ne peut pas être identifiée, puisque la conductibilité électrique est une propriété commune aux sels, aux bases et aux acides.

Solution 5 : acide.

Problème 7

Réponse :

A et c. B et a. C et b.

Problème 8

Premièrement, on cherche la substance dont la formule moléculaire contient le radical OH. La substance 4 n'est pas une base, même si sa formule contient le radical OH. En effet, NH_4 est le sel radical qui peut former une base avec le radical OH, ce qui n'est pas le cas ici.

Réponse :

$Ca(OH)_2$

Problème 9

Réponse :

Acides	Sels neutres	Bases	Sels basiques	Sels acides
H_2SO_4 HNO_3 CH_3COOH	NaCl KI $MgSO_4$	KOH $Mg(OH)_2$ NH_3OH	$NaHCO_3$ $Na2CO_3$	$NaHSO_4$ $Al_2(SO_4)_3$

Problème 17

H_2, Cl_2 : La liaison entre deux atomes d'un même élément est une liaison covalente.

CO_2, CO : La liaison entre deux non-métaux est une liaison covalente.

$MgCl_2$, $CuCl_2$, $BaBr_2$, CuO : La liaison entre un métal et un non-métal est une liaison ionique.

Réponse :

Liaisons ioniques	Liaisons covalentes
$MgCl_2$, $CaCl_2$, $BaBr_2$, CuO	H_2, Cl_2, CO_2, CO

Problème 18

Réponse :

Composé ionique	Cation	Anion	Somme des charges
K_2S	K^{1+}	S^{2-}	$2 \times (+1) + 1 \times (-2) = 0$
$CaCl_2$	Ca^{2+}	C^{l-}	$1 \times (+2) + 2 \times (-1) = 0$
BaS	Ba^{2+}	S^{2-}	$1 \times (+2) + 1 \times (-2) = 0$

Problème 19

Un **radical**, appelé aussi **ion polyatomique**, est un groupe d'atomes de différents éléments réunis pour former un ion (positif ou négatif).

Réponse :

C.

Problème 20

Réponse :

Composé	Ion métallique	Radical et sa charge
$Ca_3(PO_4)_2$	Ca^{2+}	PO_4^{3-}
CH_3COOK	K^{1+}	CH_3COO^{1-}
$Mg(OH)_2$	Mg^{2+}	OH^{1-}
Li_2CrO_4	Li^{1+}	CrO_4^{2-}
$Co(ClO)_2$	Co^{2+}	ClO^{1-}

Problème 21

Réponses :

a) Faux. La somme algébrique des charges n'est pas égale à 0. La charge de cet ion est de –5.

b) Faux. La charge de Cl dans le radical $(ClO_2)^{1-}$ est de +3 et celle dans le radical $(ClO_3)^{1-}$ est de +5.

c) Vrai. La charge de S dans H_2SO_4 est de +6 et celle dans H_2SO_3 est de +4.

d) Faux. La charge de N dans NH_4Cl est de +3 et celle dans HNO_3 est de +5. Les charges sont donc différentes.

Problème 26

Dans la liste, on trouve un acide (H_2SO_4) et deux sels (KCl et $AlCl_3$). Ce sont donc ces substances qui, dans la solution aqueuse, laissent passer le courant électrique.

La substance CH_3OH ne fait pas partie des bases, car le radical OH n'est lié ni à un métal ni au radical NH_4. Cette substance est un alcool qui ne laisse pas passer le courant électrique.

Réponse :

KCl, $AlCl_3$ et H_2SO_4.

Problème 27

A) Faux. La conductibilité d'un électrolyte fort est plus grande que celle d'un conducteur faible.

B) Faux. C'est le taux de dissociation qui est faible.

C) Vrai.

D) Vrai. Le taux de dissociation est presque nul. Il y a toujours une partie des molécules qui sont dissociées, mais ce nombre est pratiquement nul.

E) Faux. C'est la solution aqueuse de NaCl qui laisse passer le courant électrique.

Réponse :

C et D.

Problème 38

Réponse :

A et 4. B et 5. C et 2.

Problème 39

Réponse :

Solution	État	Soluté	État	Solvant	État
Eau sucrée	Liquide	Sucre	Solide	Eau	Liquide
Alcool à friction	Liquide	Alcool	Liquide	Eau	Liquide
Eau de mer	Liquide	Minéraux	Solide	Eau	Liquide
Alliage de Ci (10 %) et de Ni (90 %)	Solide	Cuivre	Solide	Nickel	Solide
Mélange d'hydrogène dans l'air	Gaz	Hydrogène	Gaz	Air	Gaz
Air	Gaz	Plusieurs gaz	Gaz	Azote	Gaz

Problème 40

Réponse :

A et D.

Problème 41

$1\ {}^{g}/_{L} = \dfrac{1\ g}{1\ L} = \dfrac{1\ g}{1\ 000\ mL} = 0{,}001\ {}^{g}/_{mL}$ (division par 1 000)

$1\ {}^{g}/_{L} = \dfrac{1\ g}{1\ 000\ mL} = \dfrac{0{,}1\ g}{100\ mL} = 0{,}1\ \%\ {}^{m}/_{V}$ (division par 10)

$1\ \%\ {}^{m}/_{V} = \dfrac{1\ g}{100\ mL} = 0{,}01\ {}^{g}/_{mL}$ (division par 100)

$1\ \%\ {}^{m}/_{V} = \dfrac{1\ g}{100\ mL} = \dfrac{10\ g}{1\ 000\ mL} = \dfrac{10\ g}{1\ L} = 10\ {}^{g}/_{L}$ (multiplication par 10)

$0{,}1\ {}^{g}/_{mL} = \dfrac{0{,}1\ g}{1\ mL} = \dfrac{100\ g}{1\ 000\ mL} = \dfrac{100\ g}{1\ L} = 100\ {}^{g}/_{L}$
(multiplication par 1 000)

$0{,}1\ {}^{g}/_{mL} = \dfrac{0{,}1\ g}{1\ mL} = \dfrac{10\ g}{100\ mL} = 10\ \%\ {}^{m}/_{V}$ (multiplication par 100)

Réponse :

Concentration		
$^{g}/_{L}$	**$^{g}/_{mL}$**	**$\%\ ^{m}/_{V}$**
1	**0,001**	**0,1**
10	**0,001**	1
500	**0,5**	50
100	0,1	**10**
10	**0,001**	**1**

Problème 42

a) La concentration étant $4\ \%\ {}^{m}/_{V}$, on a :

100 mL d'eau de Javel contiennent 4 g de NaClO

250 mL d'eau de Javel contiennent x g de NaClO

$\dfrac{100}{250} = \dfrac{4}{x} \Rightarrow x = \dfrac{250 \times 4}{100} = 10$

b) Données : $m = 10\ g$ $V = 15\ L + 250\ mL = 15,25\ L$

Ce que l'on cherche : c

Formule : $c = \frac{m}{V}$

Calcul :

$$c = \frac{10\ g}{15,25\ L} = 0,66\ {}^{g}/_{L} \text{ ou } 0,066\ \%\ {}^{m}/_{V}$$

Réponses :

a) 10 g.

b) $0,66\ {}^{g}/_{L}$ ou $0,066\ \%\ {}^{m}/_{V}$.

Problème 43

Solution mère	Solution préparée
$c_1 = 5\ \%\ {}^{m}/_{V}$	$c_2 = 2\ \%\ {}^{m}/_{V}$
$V_1 = ?$	$V_2 = 3\ L$

$c_1 \times V_1 = c_2 \times V_2$

$$5\ \%\ {}^{m}/_{V} \times V_1 = 2\ \%\ {}^{m}/_{V} \times 3\ L \Rightarrow V_1 = \frac{2\ \%\ {}^{m}/_{V} \times 3\ L}{5\ \%\ {}^{m}/_{V}} = 1,2\ L$$

Réponse :

Pour obtenir 3 L de solution, on prélève 1,2 L de vinaigre commercial et on ajoute 1,8 L d'eau distillée (3 L – 1,2 L).

Problème 44

Réponse

B.

Problème 45

Réponses :

a) Masse atomique.

b) Masse moléculaire.

c) Masse molaire moléculaire.

d) Masse molaire atomique.

e) Masse volumique.

Problème 46

Réponse :

Quantité	**Description**
40 g	Masse molaire **atomique** du calcium
32 g	Masse molaire **moléculaire** de l'oxygène
16 u.m.a.	Masse **atomique** de l'oxygène
1 u.m.a.	Masse **atomique** de l'hydrogène
74 g	Masse molaire **moléculaire** de l'hydroxyde de calcium, $Ca(OH)_2$
40 u.m.a.	Masse **atomique** du calcium

Problème 47

Données : $c = 0{,}6\ {}^{m}/_{L}$ (conc. molaire) Ce que l'on cherche : V

$m = 700$ g

Formule : $c = \frac{m}{V}$ (conc. massique)

Calcul :

1re étape : Conversion de la concentration molaire en concentration massique.

1 mol de NaCl = 58,5 g

0,6 mol de NaCl = x g

$$x = \frac{0{,}6\ \text{mol} \times 58{,}5\ \text{g}}{1\ \text{mol}} = 35{,}1\ \text{g}$$

Alors $0{,}6\ {}^{m}/_{L} = 35{,}1\ {}^{g}/_{L}$.

2e étape : Calcul du volume.

$$c = \frac{m}{V} \Rightarrow V = \frac{m}{c} = \frac{700\ \text{g}}{35{,}1\ {}^{g}/_{L}} = 19{,}943\ \text{L}$$

Réponse :

19,943 L.

Problème 48

A) La concentration de la solution finale est de 0,02, mais il faut préparer trop de solution (à rejeter).

B) La concentration et la quantité de solution obtenue sont celles que l'on recherche.

C) Pour des raisons de sécurité, on verse toujours l'acide dans l'eau et pas l'inverse (à rejeter).

C) La concentration finale est 0,08 m/L et non 0,02 m /L (à rejeter).

Réponse :

B.

Problème 58

Réponses :

a) Vrai.

b) Vrai.

c) Vrai.

d) Faux.

e) Faux.

Problème 59

Réponses :

a)

Substance	pH	Type de solution
1. Jus de pamplemousse	3,5	Acide
2. Café au lait	6,0	Acide
3. Nettoyant à plancher	11,0	Basique
4. Vinaigre	2,8	Acide
5. Eau du robinet	6,8	Acide

b) Dans cette liste, le vinaigre est l'acide le plus fort et le nettoyant à plancher est la base la plus forte.

Problème 60

Réponse :

Pour chaque indicateur, on remarque **trois** zones de couleurs. La zone de pH qui correspond à la couleur intermédiaire est appelée **point de virage**. Le **point de virage** du tournesol est de pH 5 à pH 8. Une solution acide à laquelle on ajoute quelques gouttes de phénophtaléine demeure **incolore**. L'**orange de méthyle** est l'indicateur le plus approprié pour s'assurer qu'une solution est très acide; le **phénophtaléine** est l'indicateur le plus approprié pour s'assurer qu'une solution est très basique. Le mélange d'orange de méthyl et de phénophtaléine possède **cinq** zones de couleurs. Les zones de virage de ce mélange sont de pH **3** à pH **5** et de pH **8** à pH **10**.

Problème 61

Le pH d'une solution qui devient jaune en présence d'orange de méthyle est supérieur à 4,5 et celui d'une solution qui devient jaune en présence de bleu de bromothymol est inférieur à 6.

Réponse :

B.

Problème 62

Le bleu de bromothymol prend des couleurs différentes dans les deux solutions : jaune, dans la solution de pH 5, et verte, dans la solution de pH 6,8. Tous les autres indicateurs prennent les mêmes couleurs dans les deux solutions.

Réponse :

Le bleu de bromothymol.

Jaune dans la solution de pH 5 et verte dans la solution de pH 6,8.

Problème 63 (SCP 436)

La concentration en ions H^+ de la solution 1 étant $0{,}01 = \frac{1}{100} = 10^{-2}$, son pH = 2.

La concentration en ions H^+ de la solution 3 étant 10^{-3}, son pH = 3.

Le produit des concentrations en ions H^+ et OH^- étant 10^{-14}, on trouve :

$$[H^+] = \frac{10^{-14}}{[OH^-]} = \frac{10^{-14}}{10^{-3}} = 10^{-11}$$

d'où le pH de la solution 4 est égal à 11.

La concentration en ions OH^- d'une base de 0,01 $^m/_L$ étant 0,01 $^m/_L$, on a :

$$[H^+] = \frac{10^{-14}}{[OH^-]} = \frac{10^{-14}}{0.01} = 10^{-12}$$

d'où le pH de la solution 5 est égal à 12.

La solution 6 est neutre, son pH est donc égal à 7.

Réponse :

5, 4, 6, 2, 3 et 1.

Problème 74

Réponse :

E.

Problème 75

Si vous éprouvez des difficultés en b) ou en d), vous pouvez vous référez au problème 65 où l'on explique la neutralisation d'un acide par un sel ayant des propriétés basiques.

Réponses :

a) $NaOH + HC \rightarrow NaCl + H_2O$

b) $2\ CH_3COOH + Na_2CO_3 \rightarrow 2\ CH_3COONa + H_2O + CO_2$

c) $H_2SO_4 + 2\ KOH \rightarrow K_2SO_4 + 2\ H_2O$

d) $2\ HNO_3 + MgCO_3 \rightarrow Mg(NO_3)_2 + H_2O + CO_2$

Problème 76

L'ammoniac est le produit d'une réaction entre l'azote et l'hydrogène, qui sont tous deux des gaz diatomiques (molécules formées de deux atomes identiques). Les trois premiers schémas ne correspondent pas à la réponse, car :

– l'azote est représenté comme un gaz monoatomique (A);

- les deux gaz sont représentés comme des gaz monoatomiques (B);
- l'hydrogène est représenté comme un gaz monoatomique (C).

Réponse :

D. $N_2 + 3\ H_2 \rightarrow 2\ NH_3$

Problème 77

Réponses :

a) Non. $\mathbf{3}\ Cu(OH)_2 + \mathbf{2}\ H_3PO_4 \rightarrow Cu_3(PO_4)_2 + \mathbf{6}\ H_2O$

b) Non. $Ca(OH)_2 + \mathbf{2}\ HCl \rightarrow CaCl_2 + \mathbf{2}\ H_2O$

c) Non. $Ba(OH)_2 + H_2SO_4 \rightarrow BaSO_4 + \mathbf{2}\ H_2O$

d) Non. $\mathbf{2}\ H_2O \rightarrow \mathbf{2}\ H_2 + O_2$

Problème 78

Réponse :

$O_2 + \mathbf{4}\ HCl \rightarrow \mathbf{2}\ Cl_2 + \mathbf{2}\ H_2O$

Problème 79

La masse totale des réactifs est de 168 g + 120 g = 288 g. Selon la loi de conservation de la masse, la masse des produits devrait aussi être 288 g. On a donc :

$88\ g + 36\ g + x = 288\ g \Rightarrow x = 164\ g$

Réponse :

B.

Problème 80

Réponses :

a) 1) $\mathbf{3}\ Fe + O_2 \rightarrow Fe_3O_2$

2) $\mathbf{2}\ NaOH + H_2SO_4 \rightarrow Na_2SO_4 + \mathbf{2}\ H_2O$

3) $SO_3 + H_2O \rightarrow H_2SO_4$

b) 1 – Oxydation. 2 – Neutralisation. 3 – Formation d'un acide.

Problème 81 (SCP 436)

a) $\mathbf{3}\ CuO + \mathbf{2}\ NH_3 \rightarrow \mathbf{3}\ Cu + N_2 + \mathbf{3}\ H_2O$

b)

Équation équilibrée	**3 CuO**	+	2 NH3	→	**3 Cu**	+	1 N2	+	3 H2O
Les quantités (en moles) d'après l'équation	**3 mol**		2 mol		**3 mol**		1 mol		3 mol
Les quantités (en grammes ou en moles) d'après l'équation	**238,5 g**				**190,5 g**				
Les quantités dans le problème (en grammes ou en moles, selon le cas)	***x* [g]**				**1 000 g**				

Il faut donc résoudre la proportion suivante :

$$\frac{238{,}5}{x} = \frac{190{,}5}{1\,000} \Rightarrow x = \frac{238{,}5 \times 1\,000}{190{,}5} = 1\,252{,}0 \text{ (en grammes)}$$

c)

Équation équilibrée	3 CuO	+	2 NH3	→	**3 Cu**	+	**1 N2**	+	3 H2O
Les quantités (en moles) d'après l'équation	3 mol		2 mol		**3 mol**		**1 mol**		3 mol
Les quantités (en grammes ou en moles) d'après l'équation					**190,5 g**		**1 mol**		
Les quantités dans le problème (en grammes ou en moles, selon le cas)					**1 000 g**		***x* [mol]**		

Il faut donc résoudre la proportion suivante :

$$\frac{190{,}5}{1\,000} = \frac{1}{x} \Rightarrow x = \frac{1 \times 1\,000}{190{,}5} = 5{,}249 \text{ (en mol)}$$

Réponses :

a) **3** CuO + **2** NH_3 → **3** Cu + N_2 + **3** H_2O

b) 1 252 g ou 1,252 kg

c) 5,249 mol

Problème 82

a) $2\ NaHCO_3 + H_2SO_4 \rightarrow Na_2SO_4 + 4\ H_2O + 2\ CO_2$

b)

Équation équilibrée	**$2\ NaHCO_3$**	+	**H_2SO_4**	→	Na_2SO_4	+	$4\ H_2O$	+	$2\ CO_2$
Les quantités (en moles) d'après l'équation	**2 mol**		**1 mol**		1 mol		4 mol		2 mol
Les quantités (en grammes ou en moles) d'après l'équation	**168 g**		**98,1 g**						
Les quantités dans le problème (en grammes ou en moles, selon le cas)	**100 g**		***x* [g]**						

Il faut donc résoudre la proportion suivante :

$$\frac{168}{100} = \frac{98,1}{x} \Rightarrow x = \frac{98,1 \times 100}{168} = 58,4 \text{ (en grammes)}$$

c)

Équation équilibrée	**$2\ NaHCO_3$**	+	H_2SO_4	→	Na_2SO_4	+	$4\ H_2O$	+	**$2\ CO_2$**
Les quantités (en moles) d'après l'équation	**2 mol**		1 mol		1 mol		4 mol		**2 mol**
Les quantités (en grammes ou en moles) d'après l'équation	**168 g**								**2 mol**
Les quantités dans le problème (en grammes ou en moles, selon le cas)	**100 g**								***x* [mol]**

Il faut donc résoudre la proportion suivante :

$$\frac{168}{100} = \frac{2}{x} \Rightarrow x = \frac{2 \times 100}{168} = 1,190 \text{ (en moles)}$$

Réponses :

a) $2\ NaHCO_3 + H_2SO_4 \rightarrow Na_2SO_4 + 4\ H_2O + 2\ CO_2$

b) 58,4 g

c) 1,190 mol

Problème 86

Réponses :

a) Vrai.

b) Faux. Ces sont des produits solides dont les solutions aqueuses ont un caractère basique.

c) Vrai.

d) Vrai.

Problème 87

Réponse :

A.

Problème 88

Ce sont les pluies acides qui augmentent l'acidité de l'eau du lac. Les substances responsables des pluies acides sont le dioxyde de soufre et les oxydes d'azote.

Réponse :

C.

Vérifiez vos acquis

Section A

1. A 2. A 3. B 4. A 5. C 6. B
7. D 8. B 9. A 10. C 11. C

Section B

1.

Acides	Bases	Sels
H_2SO_4 HCl H_3PO_4	$Ca(OH)_2$ NH_4OH	$CaCO_3$

2. Le pH de la solution est inférieur à 7.

3. Ces substances doivent pouvoir changer de couleur en solution pour différents niveaux d'acidité.

4. $Mg(OH)_2 + 2HCl \longrightarrow MgCl_2 + 2\ H_2O$

5. Données : $c = 50\ ^{g}/_{L}$ Ce que l'on cherche : m

$V = 1{,}5\ L$ Formule : $c = \frac{m}{V} \Rightarrow \mu = \chi \times s$

Calcul :

$m = 50\ ^{g}/_{L} \times 1{,}5\ L = 75\ g$

Protocole de manipulation :

1. Peser 75 g de chlorure de sodium.
2. Verser le soluté dans un becher de 2 L (la capacité du becher doit être plus grande que 1,5 L).
3. Dissoudre le soluté dans une petite quantité d'eau distillée.
4. Ajouter de l'eau distillée jusqu'à ce que l'on obtienne un volume de 1,5 L de solution.

6. Solution mère Solution préparée

$c_1 = 25\ ^{g}/_{L}$ $c_2 = 15\ ^{g}/_{L}$

$V_1 = ?$ $V_2 = 1\ L$

Équation : $c_1 \times V_1 = c_2 \times V_2 \Rightarrow V_1 = \frac{c_2 \times V_2}{c_1}$

Calcul :

$$V_1 = \frac{15\ ^{g}/_{L} \times 1\ L}{25\ ^{g}/_{L}} = 0{,}6\ L$$

Protocole de manipulation :

1. Mesurer 0,6 L de la solution initiale.
2. Verser cette solution dans un becher de 1,5 L.
3. Ajouter 0,4 L d'eau distillée afin d'obtenir le volume demandé de 1 L.

7. Protocole de manipulation :

1. Verser la poudre dans un becher.
2. Ajouter de l'eau distillée pour en faire une solution.
3. À l'aide de l'instrument approprié, vérifier si la solution laisse passer le courant électrique : si c'est le cas, la substance de départ est un électrolyte.

8. L'oxyde de soufre (SO_2) provoque les pluies acides et attaque les organes respiratoires.

Le monoxyde de carbone (CO) empêche l'oxygénation du sang et a des effets mortels.

Cet ouvrage a été composé en Century Schoolbook Ten 10/12
et achevé d'imprimer en mars 2008 sur les presses de
Quebecor World Saint-Romuald, Canada.

Imprimé sur du papier 100 % postconsommation,
traité sans chlore, accrédité Éco-Logo et fait à partir de biogaz.

certifié

procédé
sans chlore

100 % post-
consommation

archives
permanentes

énergie
biogaz